Heinz Hunfeld

Einfluss von Bodeneigenschaften auf die Sorption des Cry3Bb1 Proteins

Heinz Hunfeld

Einfluss von Bodeneigenschaften auf die Sorption des Cry3Bb1 Proteins

Eine Untersuchung zur Abhängigkeit des Sorptionsverhaltens eines Bt-Proteins von den Eigenschaften der Bodenpartikel

Südwestdeutscher Verlag für Hochschulschriften

Impressum/Imprint (nur für Deutschland/only for Germany)
Bibliografische Information der Deutschen Nationalbibliothek: Die Deutsche Nationalbibliothek verzeichnet diese Publikation in der Deutschen Nationalbibliografie; detaillierte bibliografische Daten sind im Internet über http://dnb.d-nb.de abrufbar.
Alle in diesem Buch genannten Marken und Produktnamen unterliegen warenzeichen-, marken- oder patentrechtlichem Schutz bzw. sind Warenzeichen oder eingetragene Warenzeichen der jeweiligen Inhaber. Die Wiedergabe von Marken, Produktnamen, Gebrauchsnamen, Handelsnamen, Warenbezeichnungen u.s.w. in diesem Werk berechtigt auch ohne besondere Kennzeichnung nicht zu der Annahme, dass solche Namen im Sinne der Warenzeichen- und Markenschutzgesetzgebung als frei zu betrachten wären und daher von jedermann benutzt werden dürften.

Verlag: Südwestdeutscher Verlag für Hochschulschriften GmbH & Co. KG
Dudweiler Landstr. 99, 66123 Saarbrücken, Deutschland
Telefon +49 681 37 20 271-1, Telefax +49 681 37 20 271-0
Email: info@svh-verlag.de

Zugl.: Hannover, Gottfried Wilhelm Leibniz Universität, Diss., 2011

Herstellung in Deutschland:
Schaltungsdienst Lange o.H.G., Berlin
Books on Demand GmbH, Norderstedt
Reha GmbH, Saarbrücken
Amazon Distribution GmbH, Leipzig
ISBN: 978-3-8381-2789-7

Imprint (only for USA, GB)
Bibliographic information published by the Deutsche Nationalbibliothek: The Deutsche Nationalbibliothek lists this publication in the Deutsche Nationalbibliografie; detailed bibliographic data are available in the Internet at http://dnb.d-nb.de.
Any brand names and product names mentioned in this book are subject to trademark, brand or patent protection and are trademarks or registered trademarks of their respective holders. The use of brand names, product names, common names, trade names, product descriptions etc. even without a particular marking in this works is in no way to be construed to mean that such names may be regarded as unrestricted in respect of trademark and brand protection legislation and could thus be used by anyone.

Publisher: Südwestdeutscher Verlag für Hochschulschriften GmbH & Co. KG
Dudweiler Landstr. 99, 66123 Saarbrücken, Germany
Phone +49 681 37 20 271-1, Fax +49 681 37 20 271-0
Email: info@svh-verlag.de

Printed in the U.S.A.
Printed in the U.K. by (see last page)
ISBN: 978-3-8381-2789-7

Copyright © 2011 by the author and Südwestdeutscher Verlag für Hochschulschriften GmbH & Co. KG and licensors
All rights reserved. Saarbrücken 2011

Inhalt

Abbildungsverzeichnis ____ 4

Tabellenverzeichnis ____ 8

Kurzfassung ____ 9

Abstract ____ 10

1 Einleitung und Problemstellung ____ 11
   1.1 Verhalten von Cry-Proteinen in der Umwelt ____ 14
   1.2 Sorptionsmechanismen ____ 20
   1.3 Problemstellung und Ziele ____ 23

2 Material und Methoden ____ 25
   2.1 Probenahme der Böden und Probenaufarbeitung ____ 25
   2.2 Bestimmung ausgewählter Bodenparameter ____ 27
      2.2.1 pH-Werte ____ 27
      2.2.2 Korngrößenverteilung ____ 27
      2.2.3 Kationenaustauschkapazität ____ 27
      2.2.4 Gehalt an organischem Kohlenstoff ____ 27
      2.2.5 Eisen- und Manganoxide ____ 27
      2.2.6 Spezifische äußere Oberfläche ____ 28
      2.2.7 Spezifische äußere Oberflächenladung ____ 28
      2.2.8 Mineralogische Zusammensetzung der Ton-Fraktion ____ 29
   2.3 Sorptions- und Desorptionsexperimente ____ 30
      2.3.1 Quantitative Analyse der Cry3Bb1 und Cry1Ab Proteine ____ 30
      2.3.2 Sorption von Cry3Bb1 Proteinen an ausgewählten Bodenfraktionen ____ 31
      2.3.3 Sorption von Cry3Bb1 bei Variation des pH-Wertes ____ 32
      2.3.4 Sorption von Cry3Bb1 bei Variation der Ionenstärke ____ 33
      2.3.5 Desorption von Cry3Bb1 ____ 33
   2.4 Perkolationsexperimente ____ 34

Inhalt

3 Ergebnisse und Diskussion 36

   3.1   Feldbodenkundliche Charakterisierung des Standortes 36

   3.2   Charakterisierung der Größenfraktionen der Böden des Standortes 40

       3.2.1   pH-Werte der Feinerde-Fraktion 40

       3.2.2   Partikelgrößen-Verteilung der Feinerde-Fraktion 40

       3.2.3   Gehalt an organischem Kohlenstoff 42

       3.2.4   Kationenaustauschkapazität 43

       3.2.5   Spezifische äußere Oberfläche 44

       3.2.6   Spezifische äußere negative Oberflächenladung 45

       3.2.7   Gehalt an Eisenoxiden/-hydroxiden 46

       3.2.8   Gehalt an Manganoxiden/-hydroxiden 48

       3.2.9   Mineralische Zusammensetzung der Ton-Fraktion 50

       3.2.10 Statistische Zusammenhänge der Bodenparameter 51

   3.3   Sorption von Cry3Bb1 53

       3.3.1   Adsorption von Cry3Bb1 an drei Größenfraktionen 54

           3.3.1.1   Sorption an die Feinerde-Fraktion 54

           3.3.1.2   Sorption an die Größenfraktion < 63 µm 55

           3.3.1.3   Sorption an die Ton-Fraktion 56

       3.3.2   Probenauswahl für weitere Sorptions- und Desorptionsexperimente 58

       3.3.3   Sorption von Cry3Bb1 bei Variation des pH-Wertes 59

       3.3.4   Sorption von Cry3Bb1 bei Variation des Begleitelektrolyten 60

   3.4   Desorption von Cry3Bb1 64

   3.5   Vergleich der Sorption von Cry3Bb1 und Cry1Ab 67

   3.6   Zusammenhang zwischen den stofflichen Eigenschaften der Feinerde-Fraktion und der Sorption von Cry3Bb1 68

       3.6.1   pH-Wert 70

       3.6.2   Tongehalt 70

       3.6.3   Spezifische äußere Oberfläche und Kationenaustauschkapazität 71

       3.6.4   Gehalt an organischem Kohlenstoff 73

3.6.5 Gehalt an Mn_o und Mn_d _____ 74

3.6.6 Gehalt an Fe_o _____ 75

3.6.7 Gehalt an Fe_d _____ 75

3.7 Zusammenhang zwischen der negativen spezifischen Oberflächenladung der Größenfraktion < 63 µm und der Sorption von Cry3Bb1 _____ 78

3.8 Zusammenhang zwischen den stofflichen Eigenschaften der Ton-Fraktion und der Sorption von Cry3Bb1 _____ 80

   3.8.1 Spezifische äußere Oberfläche _____ 80

   3.8.2 Spezifische äußere negative Oberflächenladung _____ 81

   3.8.3 Äußere negative Oberflächenladungsdichte _____ 82

   3.8.4 Kationenaustauschkapazität _____ 83

   3.8.5 Gehalt an organischem Kohlenstoff _____ 83

   3.8.6 Gehalt an Mn_o und Mn_d _____ 84

   3.8.7 Gehalt an Fe_o _____ 85

   3.8.8 Gehalt an Fe_d _____ 86

   3.8.9 Mineralische Zusammensetzung der Ton-Fraktion _____ 87

   3.8.10 Zusammenhang zwischen den stofflichen Eigenschaften und den k_C-Werten _____ 87

   3.8.11 Multiple lineare Regression der k-Werte mit den stofflichen Eigenschaften der Ton-Fraktion _____ 92

3.9 Perkolationsexperimente _____ 94

   3.9.1 Tastversuche _____ 94

   3.9.2 Kurzzeitperkolation _____ 95

   3.9.3 Langzeitperkolation _____ 96

3.10 Zusammenfassende Diskussion _____ 99

4 Literatur _____ 101

Danksagung _____ 106

Abbildungsverzeichnis

Abb. 1: Kristalle von Bacillus thuringiensis — 12

Abb. 2: Dreidimensionale Kristallstruktur des Cry3Bb1 Proteins — 13

Abb. 3: Profil 1, Braunerde — 36

Abb. 4: Profil 2, Parabraunerde-Pseudogley — 37

Abb. 5: Profil 3, Pelosol — 37

Abb. 6: Parzellenplan des Versuchsfeldes mit Lage der drei Profilgruben — 39

Abb. 7: pH-Werte der Ober- und Unterböden — 40

Abb. 8: Verteilung der Partikelgrößen der Feinerde-Fraktion aus Ober- und Unterboden — 41

Abb. 9: C_{org}-Gehalte der Feinerde-Fraktion aus Ober- und Unterboden — 42

Abb. 10: C_{org}-Gehalte der Ton-Fraktion aus Ober- und Unterboden — 42

Abb. 11: Kationenaustauschkapazität der Feinerde-Fraktion aus Ober- und Unterboden — 43

Abb. 12: Kationenaustauschkapazität der Ton-Fraktion aus Ober- und Unterboden — 44

Abb. 13: Spezifische äußere Oberfläche der Partikel der Feinerde-Fraktion aus Ober- und Unterboden — 44

Abb. 14: Spezifische äußere Oberfläche der Partikel der Ton-Fraktion aus Ober- und Unterboden — 45

Abb. 15: Spezifische äußere negative Oberflächenladung der Größenfraktion < 63 µm aus Ober- und Unterboden — 45

Abb. 16: Spezifische äußere negative Oberflächenladung der Ton-Fraktion aus Ober- und Unterboden — 46

Abb. 17: Fe_o der Feinerde-Fraktion aus Ober- und Unterboden — 47

Abb. 18: Fe_d der Feinerde-Fraktion aus Ober- und Unterboden — 47

Abb. 19: Fe_o der Ton-Fraktion aus Ober- und Unterboden — 47

Abbildungsverzeichnis

Abb. 20: Fe_d der Ton-Fraktion aus Ober- und Unterboden _____ 48

Abb. 21: Mn_o der Feinerde-Fraktion aus Ober- und Unterboden _____ 48

Abb. 22: Mn_d der Feinerde-Fraktion aus Ober- und Unterboden _____ 49

Abb. 23: Mn_o der Ton-Fraktion aus Ober- und Unterboden _____ 49

Abb. 24: Mn_d der Ton-Fraktion aus Ober- und Unterboden _____ 49

Abb. 25: Illit in der Ton-Fraktion von Ober- und Unterboden _____ 50

Abb. 26: Kaolinit in der Ton-Fraktion von Ober- und Unterboden _____ 50

Abb. 27: Sorption von Cry3Bb1 an die Probe A1 der Ton-Fraktion des Ober- und Unterbodens _____ 53

Abb. 28: Räumliche Verteilung der k-Werte für die Sorption von Cry3Bb1 an die Feinerde-Fraktion nach Reihe und Parzelle _____ 54

Abb. 29: Räumliche Verteilung der *k*-Werte für die Sorption von Cry3Bb1 an die Größenfraktion < 63 µm nach Reihe und Parzelle _____ 55

Abb. 30: Räumliche Verteilung der *k*-Werte für die Sorption von Cry3Bb1 an die Ton-Fraktion nach Reihe und Parzelle _____ 56

Abb. 31: Häufigkeitsverteilung der *k*-Werte für die Sorption von Cry3Bb1 an die Ton-Fraktion des Ober- und Unterbodens _____ 57

Abb. 32 Verteilung der *k*-Werte der drei untersuchten Größenfraktionen inklusive des Ausreißers B2 der Feinerde-Fraktion und der Größenfraktion < 63 µm _____ 57

Abb. 33: Adsorption von Cry3Bb1 an die Ton-Fraktion der Parzellen A8, B6 und D5 aus dem Oberboden bei künstlich eingestellten pH-Werten _____ 59

Abb. 34: Sorption von Cry3Bb1 in Abhängigkeit der Begleitkationen an die Proben A8, B6 und D5 der Ton-Fraktion des Oberbodens _____ 62

Abb. 35: Sorbierte und desorbierte Cry3Bb1 Mengen bei ausgewählten Proben der Ton-Fraktion des Oberbodens _____ 65

Abb. 36: Schema der Desorption und der Hysterese am Beispiel von Probe D5 der Ton-Fraktion _____ 65

Abbildungsverzeichnis

Abb. 37: Sorption von Cry1Ab und Cry3Bb1 an die Proben A8, B6 und D5 der Ton-Fraktion des Oberbodens _____ 67

Abb. 38: Abhängigkeit der k-Werte vom pH-Wert ($CaCl_2$) der Feinerde-Fraktion (ohne B2, Unterboden) _____ 70

Abb. 39: Abhängigkeit der k-Werte vom Tongehalt der Feinerde-Fraktion (ohne B2, Unterboden) _____ 71

Abb. 40: Abhängigkeit der k-Werte von der spezifischen äußeren Oberfläche der Feinerde-Fraktion (ohne B2, Unterboden) _____ 72

Abb. 41: Abhängigkeit der k-Werte von der Kationenaustauschkapazität der Feinerde-Fraktion (ohne B2, Unterboden) _____ 72

Abb. 42: Abhängigkeit der k-Werte vom C_{org}-Gehalt der Feinerde-Fraktion (ohne B2, Unterboden) _____ 73

Abb. 43: Abhängigkeit der k-Werte vom Mn_o-Gehalt der Feinerde-Fraktion (ohne B2, Unterboden) _____ 74

Abb. 44: Abhängigkeit der k-Werte vom Fe_o-Gehalt der Feinerde-Fraktion (ohne B2, Unterboden) _____ 75

Abb. 45: Abhängigkeit der k-Werte vom Fe_d-Gehalt der Feinerde-Fraktion (ohne B2, Unterboden) _____ 76

Abb. 46: Abhängigkeit der k-Werte von der negativen spezifischen äußeren Oberflächenladung für die Sorption von Cry3Bb1 an die Größenfraktion < 63 µm (ohne Probe B2, Unterboden) _____ 78

Abb. 47: Abhängigkeit der k-Werte von der spezifischen äußeren Oberfläche der Ton-Fraktion _____ 80

Abb. 48: Abhängigkeit der k-Werte von der spezifischen äußeren negativen Oberflächenladung der Ton-Fraktion _____ 81

Abb. 49: Abhängigkeit der k-Werte von der äußeren negativen Oberflächenladungs-dichte der Ton-Fraktion _____ 82

Abb. 50: Abhängigkeit der k-Werte von der Kationenaustauschkapazität der Ton-Fraktion _____ 83

Abb. 51: Abhängigkeit der k-Werte von den C_{org}-Gehalten der Ton-Fraktion _____ 84

Abbildungsverzeichnis

Abb. 52: Abhängigkeit der k-Werte von den Mn_o-Gehalten der Ton-Fraktion ___ 85

Abb. 53: Abhängigkeit der k-Werte von den Fe_o-Gehalten der Ton-Fraktion ___ 85

Abb. 54: Abhängigkeit der k-Werte von den Fe_d-Gehalten der Ton-Fraktion ___ 86

Abb. 55: Abhängigkeit der k_C-Werte von der spezifischen äußeren Oberfläche der Ton-Fraktion ___ 88

Abb. 56: Abhängigkeit der k_C-Werte von der spezifischen äußeren negativen Oberflächenladung der Ton-Fraktion ___ 89

Abb. 57: Abhängigkeit der k_C-Werte von der äußeren negativen Oberflächenladungsdichte der Ton-Fraktion ___ 89

Abb. 58: Abhängigkeit der k_C-Werte vom Mn_o-Gehalt der Ton-Fraktion ___ 90

Abb. 59: Abhängigkeit der k_C-Werte vom Fe_o-Gehalt der Ton-Fraktion ___ 90

Abb. 60: Abhängigkeit der k_C-Werte vom Fe_d-Gehalt der Ton-Fraktion ___ 91

Abb. 61: Normierte BSA- und Kalium-Gehalte in den Eluaten ___ 94

Abb. 62: Normierte Cry3Bb1-Gehalte in den Eluaten bei Perkolation von 1 µg · mL^{-1} Cry3Bb1 bei zwei Versuchsansätzen ___ 96

Abb. 63: Normierte Cry3Bb1-Gehalte in den Eluaten, bei Perkolation von 1 µg · mL^{-1} Cry3Bb1 bei einer Versuchsdauer von 66 h bzw. 52 h ___ 97

Tabellenverzeichnis

Tab. 1: Bodenkenndaten der drei aufgenommenen Profile _____ 38

Tab. 2: R²-Werte für die Abhängigkeit zwischen den Eigenschaften der Feinerde-Fraktion _____ 51

Tab. 3: R²-Werte für die Abhängigkeit zwischen den Eigenschaften der Ton-Fraktion _____ 52

Tab. 4: Kenndaten der Proben A8, B6, D5 und D3 der Ton-Fraktion des Oberbodens _____ 58

Tab. 5: Pearsonsche Korrelationskoeffizienten (r) für die Abhängigkeit des Verteilungskoeffizienten (k) von ausgewählten Eigenschaften der Feinerde-Fraktion (ohne Probe B2, Unterboden) _____ 77

Tab. 6: Pearsonsche Korrelationskoeffizienten (r) für die Abhängigkeit des Verteilungskoeffizienten (k) von ausgewählten Eigenschaften der Ton-Fraktion _____ 86

Tab. 7: Pearsonsche Korrelationskoeffizienten (r) für die Abhängigkeit des Verteilungskoeffizienten (k_C) von ausgewählten Eigenschaften der Ton-Fraktion _____ 92

Tab. 8: R^2 für die multiple lineare Regression der k-Werte mit den unabhängigen Eigenschaften der Ton-Fraktion _____ 93

Kurzfassung

Der Anbau von gentechnisch veränderten Pflanzen hat in den letzten Jahren weltweit zugenommen. Eine wichtige gentechnische Veränderung ist die Insektenresistenz. Diese Insektenresistenz beruht darauf, dass in der Pflanze Cry-Proteine exprimiert werden. Die Cry-Proteine stammen ursprünglich aus diversen *Bacillus thuringiensis* Subspezies. Durch Ernterückstände oder über Wurzelexsudate gelangen diese Cry-Proteine aus Bt-Pflanzen in die Böden der Anbauflächen.
Der Einfluss der Bodeneigenschaften auf die Sorption von Cry-Proteinen wurde bislang wenig untersucht.

Das Ziel der hier vorgelegten Arbeit ist es, die für die Sorption verantwortlichen chemischen und physikalischen Eigenschaften ausgewählter Böden zu identifizieren. Zu diesem Zweck wurden Sorptionsisothermen aufgenommen. Bei der Gewinnung der einzelnen Größenfraktionen wurde bewusst darauf verzichtet die verkittend wirkenden Substanzen zu zerstören. Dieses geschah, um die Reaktivität der Bodenpartikel möglichst wenig zu beeinflussen.
Die Verläufe dieser linearen Isothermen konnten durch ihre Verteilungskoeffizienten *k* charakterisiert werden. Die Untersuchungen wurden bei feldrelevanten Cry-Proteinkonzentrationen (max. 140 ng $\cdot$ g^{-1} in der Zugabelösung) durchgeführt.
Es zeigte sich, dass der Verteilungskoeffizient *k* vom nominellen Radius der Bodenpartikel abhängt.
Für die Ton-Fraktion wurde eine positive Korrelation der *k*-Werte mit dem Gehalt an organischem Kohlenstoff gefunden. Ein derartiger Zusammenhang bestätigte sich bei der Feinerde-Fraktion hingegen nicht.
Bei Perkolationsversuchen an gestörten Bodensäulen konnte beobachtet werden, dass geringe Mengen an Cry3Bb1 Protein eluiert werden. Das dies bereits vor Elution eines Porenvolumens stattfand ist wahrscheinlich auf die Ausbildung von präferentiellen Fließwegen zurückzuführen.

Abstract

The cultivation of genetically modified plants has increased worldwide within the last years. An important genetic modification is the resistance against insect pests. The insect resistance of the Bt-plants is based on the expression of the cry-proteins within the plants. Originally these cry-proteins stem from different subspecies of *Bacillus thuringiensis*. These cry-proteins from the Bt-plants get into the soil of the cultivated area either by crop residues or by root exudates.
So far the influence of soil properties on the sorption of cry-proteins has not been studied in detail.

The aim of this work is to identify the chemical and physical properties responsible for the sorption of some chosen soils.
Therefore sorption isotherms have been measured. During the preparation of the different size-fractions, the cementing substances were not destroyed. This was done in order not to affect the reactivity of the soil particles.
The linear isotherms obtained were characterized by their distribution coefficient k. The investigations have been performed with cultivation-relevant cry-protein concentrations (max. 140 ng $\cdot$ g^{-1} in solution).
It could be shown, that the distribution coefficient k correlates with the nominal radius of the soil particles.
In the clay-fraction a positive correlation between the k-values and the content of organic carbon was found. Such a correlation was not found within the fraction < 2 mm.
Percolation experiments performed with disturbed soil columns showed that small amounts of Cry3Bb1 proteins where eluted. This elution took place before the elution of one pore-volume, so it is due to the formation of preferential flow paths.

1 Einleitung und Problemstellung

Der Anbau von gentechnisch veränderten Pflanzen hat in den letzten Jahren stark zugenommen. Seit Beginn der Nutzung gentechnisch veränderter Pflanzen im Jahre 1996 nahm die Anbaufläche bis 2008 auf weltweit 125 Mio. Hektar zu (JAMES, 2008). Gründe für diese Zunahme sind unter anderem eine vereinfachte Unkrautbekämpfung durch herbizidresistente Nutzpflanzen oder eine wirksame Schädlingsbekämpfung durch Nutzpflanzen, die selbst insektizide Wirkstoffe exprimieren.

Die gentechnische Veränderung mit der weitesten Verbreitung ist Herbizidtoleranz mit ca. 68 % der angebauten gentechnisch veränderten Pflanzen (JAMES, 2008). Ein Beispiel hierfür sind Pflanzen mit einer Toleranz gegenüber dem, unter dem Handelsnamen Roundup bekannten Wirkstoff Glyphosat. Durch den Einbau des ursprünglich aus *Agrobacterium* spp. CP4 stammenden CP4-EPSPS-Gens (5-Enolpyruvylshikimat-3-phosphat Synthase) in das Genom von z.B. Soja oder Maispflanzen, werden diese tolerant gegenüber Glyphosat. Bei diesen als Roundup Ready® bekannten Pflanzen kann eine Bekämpfung von Unkräutern durch den Einsatz des Totalherbizids Glyphosat erfolgen, ohne dass die Nutzpflanzen geschädigt werden.

Die zweithäufigste gentechnische Veränderung bei Pflanzen ist Insektenresistenz. Diese resistenten Pflanzen sind durch eine gentechnische Veränderung in der Lage sogenannte Cry-Proteine zu exprimieren, durch deren insektizide Wirkung die Pflanze vor bestimmten Schadinsekten geschützt ist.

Im Schadinsekt entfaltet das Cry-Protein, nach der Aufnahme mit pflanzlichem Material, im Verdauungstrakt seine letale Wirkung. Der große Vorteil dieser gentechnischen Veränderung ist, dass die verschiedenen Cry-Proteine sehr spezifisch gegen den jeweiligen Zielorganismus wirken. Derzeit sind über 400 dieser Cry-Proteine klassifiziert (CRICKMORE et al., 2009).

In der Natur kommen Cry-Proteine in den sporulierten Formen der jeweiligen Subspezies des Bodenbakteriums *Bacillus thuringiensis* vor. In der Spore liegt das

1 Einleitung

Protein in kristallisierter Form als Protoxin vor. Diese Proteine werden als Cry-Proteine bezeichnet (Abb.1).

Abb. 1: Kristalle von Bacillus thuringiensis (Foto: J. Buckman)

Gelangen die Sporen in den Verdauungstrakt des jeweiligen Zielinsektes, lösen sich die Kristalle unter den dort herrschenden alkalischen Bedingungen auf. Durch proteolytische Spaltung entsteht danach aus dem freigesetzten Protoxin das eigentliche Toxin (delta-Endotoxin).

Bislang vermutet man, dass die Bindung des Endotoxins an spezifische Rezeptoren in der Mitteldarmwand des Insekts zur Ausbildung von Poren führt, wodurch die Epithelzellen des Mitteldarms aufgelöst werden. Dies führt zur Sepsis und in Folge zum Tod des Insekts (BRAVO et al., 2007). Weitere Untersuchungen zur Wirkungsweise der Cry-Proteine haben ergeben, dass diese wesentlich komplexer ist. BRODERICK et al. (2006) haben gezeigt, dass auch die im Darm vorhandenen Mikroorgansimen die Wirkung der Cry-Proteine beeinflussen. Die außerordentliche Spezifität der einzelnen Cry-Proteine ist auf die sehr hohe Selektivität hinsichtlich der Rezeptormoleküle des Zielinsekts zurückzuführen.

Bei der gentechnischen Veränderung der Nutzpflanze wird das Gen aus der jeweiligen Subspezies von *B. thuringiensis*, welches die aktive Form des Toxins (das delta-Endotoxin) codiert, in das Genom der Pflanze eingebaut. Damit kann die Pflanze das Cry-Protein exprimieren.

In der hier vorliegenden Arbeit wurden zwei unterschiedliche Cry-Proteine eingesetzt. Das Protein Cry3Bb1 mit einer spezifischen Toxizität gegen den Maiswurzelbohrer (*Diabrotica virgifera virgifera*) und das gegen den Maiszünsler (*Ostrinia nubilalis*) wirkende Protein Cry1Ab.

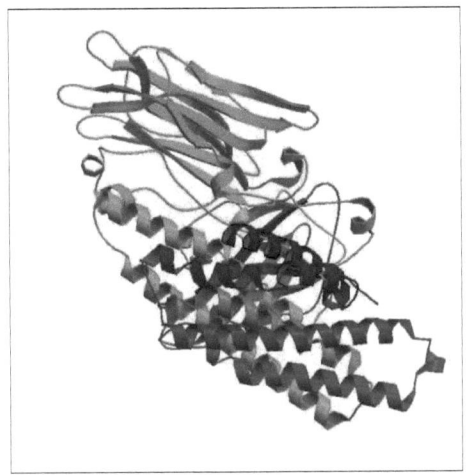

Abb. 2: **Dreidimensionale Kristallstruktur des Cry3Bb1 Proteins (blau Domain I, grün Domain II, rot Domain III) (RCSB Protein Data Bank)**

In Abbildung 2 ist am Beispiel des delta-Endotoxin-Proteins Cry3Bb1 der Aufbau eines Cry-Proteins aus drei sogenannten Domains dargestellt. Nach SCHNEPF et al. (1998) ist Domain I für die Ausbildung der Poren (Ionenkanäle) in der Darmwand verantwortlich, während die Domains II und III für die spezifische Bindung an die Rezeptoren notwendig scheint. Der Domain III kommt zusätzlich noch eine regelnde Funktion des Ionenkanals zu.

Das Cry3Bb1 Protein mit einem Molekulargewicht von 77 kDa besteht aus 652 Aminosäureresten (AS) und besitzt ein, dem Cry1Ab Protein mit 66 kDa (bestehend aus 594 AS) ähnliches Molekulargewicht. Die Aminosäuresequenzen von Cry1Ab und Cry3Bb1 stimmen jedoch zu weniger als 35 % überein (CRICKMORE et al., 1998).

1 Einleitung

1.1 Verhalten von Cry-Proteinen in der Umwelt

Diese in gentechnisch veränderten Pflanzen exprimierten Cry-Proteine gelangen, wie andere Proteine auch, auf verschiedenen Pfaden in die Umwelt und somit auch in die Böden. Dort können die Cry-Proteine an Bodenpartikel sorbieren, wobei ihre insektizide Wirkung erhalten bleibt (TAPP & STOTZKY, 1995).

Der während der Vegetationsperiode wichtigste Eintragsweg von Cry-Proteinen in Böden wurde von SAXENA et al. (1999, 2002a) und SAXENA & STOTZKY (2000) beschrieben. Sie wiesen nach, dass das Cry1Ab Protein mit den Wurzelausscheidungen von Bt-Maispflanzen verschiedener Bt-Maissorten in die Rhizosphäre abgegeben wird. 2004 berichtet STOTZKY, dass auch das Cry3Bb1 Protein mit den Wurzelexsudaten von Maispflanzen, die das Cry3Bb1 Gen enthalten, freigesetzt wird.

Das aus der gentechnisch veränderten Maislinie MON810 stammende Protein Cry1Ab wurde von BAUMGARTE & TEBBE (2005) in den Böden einer Anbaufläche dieser Maislinie nachgewiesen. Spuren des Proteins wurden von DOUVILLE (2005) auch in Oberflächengewässern gefunden.

Nach der Ernte werden die enthaltenen Cry-Proteine aus den auf der Anbaufläche verbleibenden Pflanzenresten freigesetzt. Die höchsten Einträge sind dabei beim Anbau von Bt-Mais als Körnermais zu erwarten, bei dem nur die Körner vom Feld entfernt werden, während bei der Verwendung als Silomais nur die Wurzel im Boden verbleibt.

Die Cry3Bb1 Gehalte in den Maispflanzen der Linie MON88017 waren nach den Untersuchungen von NGUYEN & JEHLE (2009) im Stadium der Frucht- und Samenreife am höchsten (BBCH-Entwicklungsstadium 83, MEIER, 2001). Basierend auf den ermittelten Cry3Bb1 Gehalten in verschiedenen Pflanzenteilen ergeben sich nach NGUYEN & JEHLE (2009) mittlere Cry3Bb1 Gehalte von 85 g $\cdot$ ha^{-1} in der Wurzel und von 820 g $\cdot$ ha^{-1} in oberirdischen Pflanzenteilen.

1 Einleitung

Beim Anbau von Silomais muss somit, durch den Verbleib des Wurzelstocks im Boden, von einem Eintrag von 85 g Cry3Bb1 Protein · ha^{-1} ausgegangen werden. Hinzu kommt noch der über die gesamte Anbauperiode stattfindende Eintrag über die Wurzelausscheidungen. Im Vergleich dazu ergibt sich bei der Verwendung eines kommerziell erhältlichen Bt-Präparates für den sogenannten organischen Landbau ein Bt-Protein-Eintrag von 66,4 g · ha^{-1} bei einmaliger Anwendung nach den Vorgaben der Gebrauchsanleitung (Dipel ® ES, Stähler GmbH, Stade, Deutschland).

Wenn beim Anbau von MON88017 als Silomais durch den auf dem Feld verbleibenden Wurzelstock von einem geringen Eintrag an Cry-Protein in den Boden ausgegangen wird, ist der Eintrag dennoch wesentlich höher als bei der Verwendung eines konventionellen Bt-Präparates. Da während der Vegetationsperiode noch die Einträge von Cry3Bb1 aus den Wurzelausscheidungen hinzukommen, muss von einer noch größeren Eintragsmenge an Bt-Protein in den Boden ausgegangen werden.

Viele Veröffentlichungen stellen das Sorptionsverhalten unterschiedlicher Cry-Proteine im Boden dar. Es wird belegt, dass Cry-Proteine sowohl von einzelnen Bodenkompartimenten als auch von naturbelassenen Bodenproben sorbiert werden. VENKATESWERLU & STOTZKY (1992) zeigten beispielsweise, dass verschiedene Cry-Proteine innerhalb von 30 Minuten an die Tonminerale Montmorillonit und Kaolinit sorbieren, während CRECCHIO & STOTZKY (1998) eine ähnlich schnelle Sorption des Proteins an aus Böden extrahierten Huminsäuren nachwiesen. SUNDARAM (1996) hingegen untersuchte die maximale Adsorption des Proteins aus *B. thuringiensis* subsp. *kurstaki* an zwei sterilen, nicht fraktionierten Bodenproben.

Den Effekt, dass an Boden und Bodenfraktionen gebundene Cry-Proteine weiterhin ihre insektizide Wirkung zeigen, beschreiben TAPP & STOTZKY (1995, 1998). Im Biotest mit Larven des Tabakschwärmers (*Manduca sexta*) konnte eine insektizide Wirkung der an Tonminerale bzw. an die Ton-Fraktion von Böden gebundenen Cry-Proteine nachgewiesen werden. Für die an Huminstoffe bzw. an Komplexe von Montmorillonit mit Huminsäuren und Aluminium-Hydroxypolymeren gebundenen Cry-Proteine von *B. thuringiensis* subsp. *kurstaki* wurde der Erhalt der insektiziden

Wirkung von CRECCHIO & STOTZKY (1998, 2001) beschrieben. Auch CHEVALLIER et al. (2003) kommen zu dem Ergebnis, dass die Proteine von *B. thuringiensis* subsp. *tenebrionsis* nach der Sorption an eine Mischung von Tonmineralen, welche mit einer natürlichen Huminstoffschicht überzogen sind, vor mikrobiellem Abbau geschützt sind.
Speziell für das Cry3Bb1 Protein konnten FIORITO et al. (2008) zeigen, dass das Protein nach der Sorption an Montmorillonit bzw. Kaolinit von Bodenmikroorganismen nicht verwertet wurde.

Aus diesen Untersuchungen geht hervor, dass Cry-Proteine im Boden überdauern und somit eine Gefahr für Nichtzielorganismen darstellen können. Dies wird zudem unterstützt durch Untersuchungen mit dem Cry1Ab Protein aus Biomasse bzw. aus Wurzelausscheidungen von SAXENA & STOTZKY (2001). Sie zeigten im Biotest, dass an oberflächenaktive Bodenpartikel gebundenes Cry-Protein seine insektizide Wirkung bis zu 180 Tagen behält.

Für das an Bodenpartikel sorbierte Protein aus *B. thuringiensis* subsp. *kurstaki* wiesen TAPP & STOTZKY (1998) die insektizide Aktivität noch nach 234 Tagen nach. Die Untersuchungen wurden nach 234 Tagen abgeschlossen und es gibt es für die insektizide Langzeitwirkung bislang keine weiteren Untersuchungen.

Aufgrund der beschriebenen Ergebnisse zur Dauer der insektiziden Wirkung der sorbierten Cry-Proteine ist auch die Entwicklung von Resistenzen, durch die andauernde Präsenz des Proteins, nicht ausgeschlossen.

Die aktiven Cry-Proteine im Boden könnten auch im Boden lebende Organismen beeinflussen. ZWAHLEN et al. (2003b) beobachteten in Fütterungsversuchen mit Bt-Maisstreu beim gemeinen Regenwurm (*Lumbricus terrestris*) keine letalen Effekte. Nach einer Versuchsdauer von 200 Tagen stellten sie jedoch ein geringeres Gewicht der Tiere gegenüber den Kontrolltieren fest.
Es besteht somit die Möglichkeit, dass der Abbau der organischen Substanz im Boden beeinträchtigt wird und sich die Zusammensetzung und die Menge der organischen Substanz im Boden verändert, wenn die Wirkung auf Bodenorganismen über längere Zeiträume anhält.

Im Gegensatz zu den oben beschriebenen Ergebnissen berichten einige Autoren von einem relativ schnellen Abbau der Cry-Proteine. ZWAHLEN et al. (2003a) beschreiben eine Reduktion des Cry-Proteingehaltes in Pflanzenmaterial von Bt-Mais im Boden auf 0,3 % der Ausgangskonzentration innerhalb von 200 Tagen. Die Geschwindigkeit des Abbaus wird hier unter anderem durch die Bodentemperatur, den Wassergehalt und die Art der Bodenbearbeitung beeinflusst. Um den mikrobiellen Abbau des Cry1Ab Proteins zu bestimmen, haben ACCINELLI et al. (2008) ^{14}C-markiertes Cry1Ac Protein mit verschiedenen unsterilen Bodenproben gemischt und inkubiert. Sie zeigten einen Abbau des ^{14}C-markierten Protein durch Bodenmikroorganismen von ca. 50-60 % innerhalb von 20 Tagen und kamen zu dem Ergebnis, dass die Cry-Proteine nicht im Boden überdauern.

Es bleibt jedoch die Frage, ob die verbleibenden ca. 40-50 % bei einer längeren Versuchsdauer auch abgebaut werden konnten oder ob dieser Teil der Cry-Proteine im Boden gebunden wurde und, wie von anderen Autoren berichtet, vor mikrobiellem Abbau geschützt ist.

DUBELMAN et al. (2005) hingegen schließen aus ihren Untersuchungen, dass das Protein Cry1Ab auch nach 3-jährigem Anbau von Bt-Mais (MON810 oder Bt11), aufgrund der im Biotest nicht nachweisbaren insektiziden Wirkung, im Boden nicht vorliegt.

Im Boden sorbiertes Cry-Protein kann, wenn es desorbiert wird, in tiefere Bodenschichten oder sogar bis in Grund- oder Oberflächengewässer gelangen. Es gibt zahlreiche Untersuchungen zur Desorption von Cry-Proteinen. Für das Umweltverhalten der Proteine sind jedoch nur solche Untersuchungen relevant bei denen die Desorption bzw. der Transport der Cry-Proteine mit Wasser bestimmt wurden.

Von den an Tonmineralen sorbierten Cry-Proteinen wurden mit Hilfe von H_2O ca. 10-30 % desorbiert (TAPP et al. 1994; STOTZKY, 2000). Hingegen zeigten CRECCHIO & STOTZKY (1998) und MUCHAONYERWA et al. (2006), dass die an Huminsäuren bzw. organischem Material sorbierten Cry-Proteine durch mehrmalige Desorptionsschritte zu ca. 20-55 % desorbiert werden konnten.

1 Einleitung

Diese Untersuchungen zeigen, dass sorbiertes Cry-Protein, abhängig von der Art des Sorbenten, mit Wasser desorbiert werden kann. Eine Verlagerung dieser desorbierten Cry-Proteine mit dem Sickerwasser ist denkbar.

Da Versuche zur Verlagerbarkeit von Cry-Proteinen im Boden über längere Zeiträume verlaufen als Sorptionsversuche, ist es für die Untersuchung des Transports der Cry-Proteine in Bodensäulen wichtig ihren mikrobiellen Abbau auszuschließen.

In der Literatur finden sich zahlreiche Methoden für die Sterilisierung von Bodenproben. Aufgrund des hohen technischen Aufwands (z.b. Gamma-Bestrahlung) oder ihrer unvollständigen Wirkung, sind die meisten jedoch nicht praktikabel. Zudem werden durch einige Verfahren die Eigenschaften der Proben verändert (TREVORS, 1996, TUOMINEN, 1994). TOTSCHE et al. (2006) konnten das mikrobielle Wachstum bei Perkolationsversuchen durch Verwendung einer Natriumazidlösung unterdrücken. Da die Probeneigenschaften dabei kaum beeinflusst werden, scheint diese Methode für Perkolationsversuche mit Cry-Proteinen geeignet.

Für Untersuchungen zum Verhalten von Cry-Proteinen aus gentechnisch veränderten Pflanzen müssen einige Bedingungen erfüllt sein.

In Untersuchungen zur Sorption von Cry-Proteinen wurden maximal sorbierbare Proteinmengen bestimmt. TAPP et al. (1994) und MUCHAONYERWA et al. (2006) haben zum Beispiel die Sorptionsmaxima für Cry-Proteine an verschiedenen Bodenbestandteilen und Größenfraktionen ermittelt. Für die Untersuchung des Sorptionsverhaltens der Cry-Proteine im Boden einer Anbaufläche sind jedoch Versuche mit solchen Proteinkonzentrationen notwendig, die beim Anbau gentechnisch veränderter Pflanzen tatsächlich in den Boden gelangen können.

In einigen Untersuchungen wurden die Cry-Proteine mit unspezifischen Protein-Nachweismethoden wie z.B. dem Proteinnachweis nach Lowry oder durch, von FU et al. (2008) verwendeten, spektrophotometrischen Messungen (bei 280 nm), bestimmt. Dies kann durch die in Böden vorhandenen Proteine durchaus zu Problemen und

Falschinterpretationen von Ergebnissen führen. Die Gründe hierfür sind in der geringen Empfindlichkeit und der mangelnden Spezifität zu suchen.

Auch Ergebnisse aus Versuchen, bei denen die Sorption in Gegenwart von pH-Puffern durchgeführt wurde, sind kaum auf natürliche Bedingungen im Boden übertragbar. MUCHAONYERWA et al. (2000) konnten zeigen, dass die Sorption von Cry-Protein aus *B. thuringiensis* subsp. *tenebrionsis* an Proben einer Ton-Fraktion in Gegenwart von 0,1 M Phosphatpuffer extrem verstärkt wurde.

Nur wenige Untersuchungen wurden zum Verhalten von sehr niedrig konzentrierten Cry-Proteinen im Boden durchgeführt. SHAN et al. (2005) untersuchten Extraktionsmethoden für an Bodenpartikel sorbierte Cry-Proteine. Für die notwendigen Sorptionsversuche verwendeten sie ca. 70 bis 170 ng Cry-Protein pro Gramm Bodenprobe. Sorptionsversuche mit feldrelevanten Cry-Proteinkonzentrationen wurden im Hinblick auf das Sorptionsverhalten im Boden von PAGEL-WIEDER et al. (2004 und 2007) durchgeführt. Sie konnten zeigen, dass die stofflichen Eigenschaften von Proben einer Ton-Fraktion die Sorption von niedrig konzentriertem Cry1Ab Protein beeinflussen.

1 Einleitung

1.2 Sorptionsmechanismen

In dieser Arbeit liegt der Schwerpunkt auf der Bestimmung und der Interpretation der Verteilung der Cry-Proteine zwischen der flüssigen Phase und den Oberflächen der festen Bodenbestandteile.
Zwischen Proteinen und den mineralischen und organischen Oberflächen der Bodenbestandteile existieren verschiedene Wechselwirkungen.
Mechanismen:

- van der Waals Kräfte
- hydrophobe Wechselwirkungen
- Wasserstoffbrückenbindungen
- elektrostatische Wechselwirkungen
   (hier besonders Kationenbrücken)

Die Reihung erfolgt hier nach zunehmendem Energieinhalt der jeweiligen Wechselwirkungen. Die sorptiven anorganischen Oberflächen bestehen aus silikatischen (Si-O-Si) und hydroxidischen (Si-OH, Al-OH) Strukturen.
Die organischen Bereiche der Oberflächen enthalten:

- carboxylische (-COOH)

- phenolische (-OH)

- alkoholische (-COH)

aber auch unpolare Gruppen, wie Fettsäuren und hydrophobe Bestandteile von Lipiden.

1 Einleitung

Mathematische Beschreibung der Sorption

Zur quantitativen Verteilung oder Sorption werden Adsorptionsisothermen herangezogen. Hauptsächlich werden in der Bodenchemie, zum Beispiel bei der Sorption von Schwermetallen oder Pflanzenschutzmitteln an Bodenbestandteile, drei mathematische Ausdrücke zur Beschreibung der Verteilung zwischen flüssiger und fester Phase benutzt:

- lineare Isotherme

$$X_S = k \cdot X_L \qquad (1)$$

X_S = Menge des (im Gleichgewicht) sorbierten Stoffes
X_L = Menge des Stoffes in der Gleichgewichtslösung
k = Verteilungskoeffizient

- Isotherme nach Langmuir

$$X_S = \frac{X_m \cdot k_L \cdot X_L}{1 + k_L \cdot X_L} \qquad (2)$$

X_S = Menge des (im Gleichgewicht) sorbierten Stoffes
X_L = Menge des Stoffes in der Gleichgewichtslösung
X_m = maximale Adsorption
k_L = Langmuir Sorptionskoeffizient

1 Einleitung

- Isotherme nach Freundlich

$$X_S = k_F \cdot X_L^{1/n} \qquad (3)$$

X_S = Menge des (im Gleichgewicht) sorbierten Stoffes
X_L = Menge des Stoffes in der Gleichgewichtslösung
k_F = Freundlich Sorptionskoeffizient
n = Freundlich Exponent

1.3 Problemstellung und Ziele

Aus den Ergebnissen der dargestellten Literatur geht hervor, dass das Sorptionsverhalten und die Persistenz der Cry-Proteine im Boden bisher selten unter bodennahen, chemischen und physikalischen Bedingungen untersucht wurden. Zudem wurden in den meisten Untersuchungen höhere Proteinkonzentrationen verwendet, als unter normalen Bedingungen beim Anbau von Bt-Pflanzen in die Böden gelangen können. Daher kann nicht auf das Verhalten der Cry-Proteine bei anbaurelevanten Bedingungen geschlossen werden. Um letztlich Aussagen über das Langzeitverhalten der Cry-Proteine im Boden machen zu können, müssen folgende Randbedingungen eingehalten werden:

- Die Bodenproben dürfen nur mit physikalischen Mitteln in unterschiedliche Größenfraktionen aufgeteilt werden. Um die Proben chemisch nicht zu verändern, dürfen daher keine Dispergierungsmittel verwendet werden.

- Die organischen und anorganischen, verkittend wirkenden Substanzen dürfen nicht zerstört werden, um auch organische Überzüge der Bodenpartikel zu erhalten

- Die Versuche zur Sorption und Desorption müssen ohne Zugabe von Puffern oder Ionen durchgeführt werden

- Die verwendeten Cry-Proteinkonzentrationen müssen in einem für den Anbau von Bt-Pflanzen relevanten Bereich liegen

- Die Cry-Proteingehalte müssen spezifisch durch einen ELISA (enzyme-linked immunosorbent assay) bestimmt werden

1 Einleitung

Ziel dieser Arbeit ist es, die Sorption des Cry3Bb1 Proteins unter diesen realistischen Bedingungen zu untersuchen, um Aussagen über das Sorptionsverhalten und die Persistenz des Cry-Proteins im Boden zu ermöglichen.

Weiterhin sollen die Zusammenhänge zwischen der Sorption von Cry3Bb1 und den stofflichen Eigenschaften der Bodenfraktionen ermittelt werden, um einen oder mehrere Parameter zu finden, die für das Sorptionsverhalten des Cry3Bb1 Proteins verantwortlich sind.

Allerdings muss bei der Interpretation der Ergebnisse zur Ad- und Desorption von Proteinen beachtet werden, dass es sich bei dem Sorbenten nicht um homogenes Material sondern um ein sehr komplexes Gemisch handelt. Daraus resultieren auch verschiedene Mechanismen bei der Wechselwirkung von Protein und Bodenpartikel. Hinzu kommt bei den hier vorgestellten Versuchen eine für Sorptionsversuche geringe, aber im Versuchskontext notwendige Konzentration an Sorbatmolekülen.

Aufgrund dieser beiden Faktoren erscheint es schwierig, eine einzige für die Sorption verantwortliche stoffliche Eigenschaft zu finden.

Diese These wird durch die Gegenüberstellung der vom Protein maximal bedeckten Fläche und der spezifischen äußeren Oberfläche der in den Experimenten verwendeten Proben gestützt.
Basierend auf den Angaben zur Molekülgröße des Cry3Bb1 Proteins (GALITSKY et al., 2001), ergibt sich eine Fläche von maximal ca. 29 mm² die, bei der höchsten im Sorptionsversuch verwendeten Konzentration von 140 ng $\cdot$ mL^{-1}, bedeckt werden kann. Bei einer rein theoretischen Annahme, dass alle Cry3Bb1 Proteine sorbieren, stehen der somit benötigten Fläche die im Sorptionsexperiment angebotenen Oberflächen der Proben von ca. 93 000 mm² bei der Feinerde-Fraktion bis zu maximal ca. 800 000 mm² bei der Ton-Fraktion gegenüber.
Durch diesen Vergleich wird deutlich, dass für die Sorption des Cry-Proteins ausreichend Fläche und somit auch Sorptionsplätze mit unterschiedlichen Wechselwirkungsmechanismen zur Verfügung stehen.

2 Material und Methoden
2.1 Probenahme der Böden und Probenaufarbeitung

Probenahme

Zur Erfassung der kleinräumigen Verteilung der Böden des Standortes und um die daraus resultierenden Konsequenzen für das Sorptionsverhalten des Bt-Proteins abschätzen zu können, wurden von den Oberböden (0-20 cm Tiefe) aller 32 Parzellen des Versuchsfeldes Mischproben entnommen (Edelman-Bohrer, 15 Einstiche je Parzelle). Durch die gewählte Tiefe von 0-20 cm konnte sichergestellt werden, dass die Oberbodenproben ausschließlich aus dem Ap-Horizont, mit einer Variation der Mächtigkeit von ca. 25-36 cm, entnommen wurden.

Zur Kennzeichnung des Unterbodens wurde jeweils in der Parzellenmitte aus 40-60 cm Tiefe Bodenmaterial entnommen (per Spaten).

Probenaufarbeitung

Die entnommenen Bodenproben wurden luftgetrocknet und im Anschluss an die mechanische Zerstörung der Aggregate homogenisiert und < 2 mm gesiebt. Die erhaltene Feinerde-Fraktion wurde in Polystyrol-Dosen aufbewahrt.

Da die Sorptionsversuche auch an der Ton-Fraktion (< 2 µm) durchgeführt werden sollten, wurde diese Fraktion durch Sedimentation gewonnen. Auf eine Zerstörung der Aggregate durch Ultraschall oder Zugabe eines Dispergierungsmittels wurde verzichtet. Hierfür wurde ein Teil der Feinerde-Fraktion in $H_2O_{dest.}$ dispergiert (Schütteln), die Fraktion < 2 µm abgehebert und dann die Ton-Fraktion durch Zugabe von Magnesiumchlorid ausgefällt. Durch Zentrifugation wurde die Ton-Fraktion eingeengt und das überschüssige Magnesiumchlorid anschließend ausgewaschen. Da die Aggregation der Tonminerale einen Einfluss auf das Sorptionsverhalten haben könnte, wurden die Tondispersionen mit flüssigem Stickstoff (-196°C) eingefroren und gefriergetrocknet, um das natürliche Gefüge zu erhalten. Die Ton-Fraktionen wurden in Glasröhrchen gelagert.

Für die Bestimmung der spezifischen äußeren Oberflächenladung wurde durch trockene Siebung die Größenfraktion < 63 µm gewonnen. Dies war notwendig, da Partikel mit einem Durchmesser > 63 µm die Endpunktserkennung des Titrationsverfahrens mittels Particle Charge Detector (PCD) stören und somit die Bestimmung der spezifischen äußeren Oberflächenladung der Feinerde-Fraktion (< 2 mm) nicht möglich war. Die Größenfraktion < 63 µm wurde in Polyethylen-Behältern aufbewahrt.

2 Material und Methoden

2.2 Bestimmung ausgewählter Bodenparameter
2.2.1 pH-Werte

Die Messung der pH-Werte erfolgte potentiometrisch in 0,01 M CaCl2-Lösung, bei einem Feststoff-Lösungsverhältnis von 1:2,5.

2.2.2 Korngrößenverteilung

Die Korngrößenverteilung der Proben der Feinerde-Fraktion wurde mit einer Kombination aus Sedimentations- und Siebverfahren bestimmt. Die Fraktionen 0,063-2 mm wurden durch Nasssiebung, die Fraktionen < 0,063 mm durch Pipettanalyse ermittelt (verändert nach KÖHN, 1928).

2.2.3 Kationenaustauschkapazität

Die effektive Kationenaustauschkapazität (KAK) der Feinerde-Fraktion sowie der Ton-Fraktion wurde in Anlehnung an die Methode von VAN REEUWIJK (1993) mit Silberthioharnstoff ermittelt.

2.2.4 Gehalt an organischem Kohlenstoff

Der Gehalt an organischem Kohlenstoff (C_{org}) von Feinerde-Fraktion und Ton-Fraktion wurde durch Verbrennung im Sauerstoffstrom bestimmt.

2.2.5 Eisen- und Manganoxide

Die Bestimmung der oxalatlöslichen Eisen- und ManganOxide/Hydroxide (Fe_o bzw. Mn_o) der Feinerde-Fraktion sowie der Ton-Fraktion erfolgte nach SCHWERTMANN (1964) durch Extraktion mit 0,2 M Ammoniumoxalatlösung im Dunklen.

Die Gesamtgehalte an Eisen- bzw. Manganoxiden/-hydroxiden (Fe_d bzw. Mn_d)

2 Material und Methoden

wurden nach MEHRA und JACKSON (1960) durch Dithionit-Citrat-Bicarbonat Extraktion bei pH 8,2 bestimmt.

Die Eisen- und Mangankonzentrationen in den jeweiligen Extrakten wurden mittels Flammen-Atomabsorptionsspektrometrie (AAS) bestimmt.

2.2.6 Spezifische äußere Oberfläche

Die Bestimmung der spezifischen äußeren Oberfläche der Feinerde-Fraktion und der Ton-Fraktion erfolgte nach dem BET-Verfahren (BRUNAUER et al., 1938) durch Adsorption und Desorption von Stickstoff bei - 196°C. Am Tag vor der Messung wurden die Proben eingewogen und bis zur Messung bei 105°C getrocknet. Vor der Messung wurde die Einwaage erneut bestimmt und die Proben bei 100°C für 2 Stunden ausgeheizt.

2.2.7 Spezifische äußere Oberflächenladung

Die Quantifizierung der spezifischen, also der auf die Masse bezogenen elektrischen Ladung der äußeren Oberflächen der Bodenfraktionen erfolgte durch Titration der in Wasser suspendierten Proben mit Polydiallyldimethylammoniumchlorid (PolyDADMAC, 1 $mmol_c \cdot L^{-1}$) in einer automatischen Titrationseinheit (DL 25, Mettler Toledo). Zur Endpunktserkennung wurde diese mit einem Particle Charge Detector (PCD 02, Mütek) gekoppelt. Es wurden dreifach-Bestimmungen durchgeführt mit Einwaagen von ca. 20 mg · 10 mL^{-1} bei der Ton-Fraktion und ca. 150 mg · 10 mL^{-1} bei der Größenfraktion < 63 µm. Aus dem Verbrauch des Titrationsmittels und der Probeneinwaage erfolgte die Berechnung der Oberflächenladung (BÖCKENHOFF & FISCHER, 2001).

2.2.8 Mineralogische Zusammensetzung der Ton-Fraktion

Die mineralogische Zusammensetzung der Ton-Fraktion wurde mit Hilfe der Röntgenbeugungsanalyse bestimmt. Die Proben wurden durch eine Behandlung mit 1 M KCl-Lösung bzw. 0,5 M $MgCl_2$-Lösung mit Kalium bzw. Magnesium belegt und auf Glas-Objektträgern sedimentiert, um Texturpräparate zu erhalten. Nach Trocknung bei Raumtemperatur (20°C) wurden diese Proben gemessen. Nach Bedampfung der Mg belegten Proben mit Ethylenglykol und Erhitzung der K belegten Proben auf 550°C wurden die Proben erneut analysiert. Es wurde ein Diffraktometer (Philips, Typ PW 1390) mit Vertikalgoniometer und einer CuKα-Strahlung im Winkelbereich 1-30°2 Θ verwendet.

Mit Hilfe der Basisnetzebenenabstände, die die aufweitbaren Dreischichtsilicate bei den unterschiedlichen Behandlungen einnehmen, wurden die enthaltenen Tonminerale bestimmt.

2.3 Sorptions- und Desorptionsexperimente

2.3.1 Quantitative Analyse der Cry3Bb1 und Cry1Ab Proteine

Die verwendeten Proteine wurden mit Hilfe von transformierten *E. coli* Stämmen produziert und für diese Untersuchungen im Rahmen des Forschungsverbundes „Freisetzungsbegleitende Sicherheitsforschung transgener Maissorten mit neuen Bt-Genen" von der Arbeitsgruppe Jehle (DLR Rheinpfalz, Neustadt a. d. Weinstr.) zur Verfügung gestellt.

Die Ausgangskonzentration des Cry3Bb1 Proteins war 3,4 mg $\cdot$ mL^{-1}, die des Cry1Ab-Proteins betrug 3 mg $\cdot$ mL^{-1}. Für die verschiedenen Untersuchungen wurden die Stammlösungen der Cry-Proteine in Aliquots aufgeteilt und diese Teilmengen bei -80°C gelagert. Diese Aliquots wurden nach Bedarf aufgetaut und Reste der Proteinlösung anschließend verworfen.

Proteinnachweis

Die Bestimmung der Cry3Bb1 bzw. Cry1Ab Konzentrationen erfolgte mit dem kommerziell erhältlichen direkten „double antibody sandwich enzyme-linked immunosorbent assay" (DAS-ELISA).
Für die Bestimmung des Cry3Bb1 Proteins wurde der Bt-Cry3Bb1 ELISA-Kit, für die Bestimmung von Cry1Ab der Bt-Cry1Ab/Cry1Ac ELISA-Kit der Firma Agdia (Elkhart, Indiana, USA) verwendet. Diese Testkits sind für den qualitativen Nachweis der Cry-Proteine bestimmt.
Durch die Verwendung angepasster Kalibrationsreihen und einer abgewandelten Testprozedur konnte der ELISA für den quantitativen Nachweis der Cry-Proteine optimiert werden. Die für die quantitative Cry-Protein-Bestimmung optimierte Durchführung des ELISA beinhaltete zudem eine Verlängerung der Inkubationszeit (von 2 h bei 20°C auf 16 h bei 4°C) und die Messung der Färbung bei 450 nm nach stoppen der Farbreaktion durch Zugabe von 3M H_2SO_4 (vgl. NGUYEN, 2009).

2.3.2 Sorption von Cry3Bb1 Proteinen an ausgewählten Bodenfraktionen

Probenvorbereitung

Die Versuche zur Sorption der Cry3Bb1 und Cry1Ab Proteine wurden unter sterilen Bedingungen durchgeführt. Um sterile Proben zu erhalten, wurden die einzelnen Proben der Bodenfraktionen tyndallisiert. Beim Tyndallisieren werden die Proben im Verhältnis 1:10 bei der Ton-Fraktion und der Größenfraktion < 63 µm bzw. 1:4 bei der Feinerde-Fraktion mit $H_2O_{dest.}$ versetzt, 20 Minuten auf 100°C erhitzt und anschließend über Nacht bei 37°C im Brutschrank inkubiert. Dieser Vorgang wird zweimal wiederholt und die Proben abschließend 20 Minuten auf 100°C erhitzt. Durch den Inkubationsschritt werden die in den Proben enthaltenen Bakterien zum Auskeimen angeregt und durch die darauffolgende Erhitzung abgetötet. Die so vorbereiteten sterilen Proben wurden in Glasröhrchen bei 4°C gelagert.

Adsorption von Cry3Bb1 an die Fraktionen < 2 µm, < 63 µm und < 2 mm

Zur Bestimmung der Sorptionsisothermen wurden je acht Sorptionspunkte aufgenommen. Die Sorptionsversuche erfolgten in wässriger Suspension. Je Sorptionspunkt wurden folgende Einwaagen der Bodenfraktionen verwendet: Ton-Fraktion (< 2 µm): 10 mg, Größenfraktion < 63 µm: 20 mg, Feinerde-Fraktion (< 2 mm): 50 mg. Diese unterschiedlichen Einwaagen resultieren aus der jeweils zu erwartenden Sorption.
Die entsprechenden Mengen der Proben wurden in Form von sterilen Suspensionen in 1,5 mL Reaktionsgefäße (Polypropylen) gegeben. Die Ausgangskonzentration der Proteinlösung wurde in zwei Schritten zur Stammlösung verdünnt. Für die Cry3Bb1 Proteinkonzentrationen von 0-140 ng · mL^{-1} wurden steigende Mengen an Cry3Bb1 Proteinstammlösung zu den Suspensionen gegeben und mit $H_2O_{dest.}$ auf ein Gesamtvolumen von 1 mL aufgefüllt.

Die Proben wurden 30 Minuten bei Raumtemperatur (20°C) geschüttelt (Überkopfschüttler, 30 U · min^{-1}). Nach anschließender Zentrifugation (22640 g, 5 min) wurden die Bt-Proteinkonzentrationen in den Zugabelösungen und in der Gleichgewichtslösung (Überstand) mittels ELISA bestimmt. Die sorbierte

2 Material und Methoden

Bt-Proteinmenge ergab sich aus der Konzentrationsänderung von Zugabe- zu Gleichgewichtslösung.

Die Untersuchungen zur Sorption des Cry1Ab Proteins wurden ebenfalls mit diesen Versuchseinstellungen durchgeführt.

Die Sorptionspunkte wurden mit der linearen Isotherme (Gleichung (1)), mit Hilfe des Programms Microsoft® Office Excel® 2007, angepasst. Der Sorptionskoeffizient k entspricht der Steigung der Ausgleichsgeraden durch die einzelnen Sorptionspunkte und ist ein Maß für die Verteilung der Proteine zwischen der Oberfläche der Bodenprobe und der Lösung. Je höher der Wert für k, desto stärker ist die Affinität des Proteins zur Partikeloberfläche. Mit Hilfe dieser Verteilungskoeffizienten lässt sich daher die Sorption von Cry3Bb1 an die verschiedenen Bodenproben miteinander vergleichen. Des Weiteren besteht die Möglichkeit, mit Hilfe des k-Wertes die Abhängigkeit der Sorption von den chemischen und physikalischen Eigenschaften der Bodenproben zu bestimmen (vgl. Kap. 3.6 bis 3.8).

Für die Versuche zur Desorption des Cry3Bb1 Proteins, zur Sorption bei Variation von pH-Werten bzw. Ionenstärke und zur Sorption des Cry1Ab Proteins wurden die Proben der Ton-Fraktion der Parzellen A8, B6 und D5 herangezogen. Für die Versuche zur Desorption wurde zusätzlich Probe D3 verwendet. Diese Proben entstammen jeweils dem Oberboden.

2.3.3 Sorption von Cry3Bb1 bei Variation des pH-Wertes

Die Durchführung der Versuche entspricht den Versuchseinstellungen unter Kapitel 2.3.2, es wurde jedoch nur ein Sorptionspunkt mit einer Cry3Bb1 Konzentration von 140 ng · mL^{-1} aufgenommen. Für jeden pH-Wert wurden pro Bodenprobe drei Wiederholungen durchgeführt. Die Cry3Bb1 Lösungen und die Tonsuspensionen wurden durch Zugabe von Salzsäure (0,1 M) bzw. Natronlauge (0,1 M) auf pH-Werte von 4, 5, 6, 7 bzw. 8 (je ± 0,1 pH) eingestellt. Der pH der Suspensionen wurde vor dem Zentrifugieren erneut bestimmt, da sich der eingestellte pH-Wert durch Pufferung der Bodenpartikel während des Schüttelns verändert hatte. Dieser pH-

Wert wird zur Interpretation herangezogen. Es wurden Kalibrationsreihen mit entsprechend angepassten pH-Werten im ELISA verwendet.

2.3.4 Sorption von Cry3Bb1 bei Variation der Ionenstärke

Für diese Untersuchungen wurden Sorptionsisothermen mit je vier Sorptionspunkten mit Cry3Bb1 Konzentrationen von 0 bis 140 ng $\cdot$ mL^{-1} aufgenommen. Die Versuchseinstellungen entsprachen ansonsten denen der Versuche unter 2.3.2. Für den ELISA wurden Kalibrationsreihen mit entsprechenden Ionenkonzentrationen verwendet.

2.3.5 Desorption von Cry3Bb1

Für die Untersuchungen der Desorption wurde für jede Probe ein Sorptionspunkt (Zugabe 140 ng Cry3Bb1 $\cdot$ mL^{-1}) in dreifacher Wiederholung bestimmt. Nach Gleichgewichtseinstellung und Zentrifugation wurden 950 µL des Überstandes abgenommen und hiervon die Cry3Bb1 Konzentration bestimmt. Zum Pellet inklusive der verbleibenden 50 µL Gleichgewichtslösung, wurden 450 µL H$_2$O$_{steril}$ gegeben. Die Mischung wurde aufgewirbelt (Vortex-Mixer), die Dispersionen zur Einstellung eines neuen Gleichgewichts 30 Minuten geschüttelt (Überkopfschüttler, 30 U $\cdot$ min^{-1}), zentrifugiert und die Cry3Bb1 Konzentration im Überstand bestimmt.

2.4 Perkolationsexperimente

Die Perkolationsexperimente wurden mit einer Probe der Feinerde-Fraktion (< 2mm) aus dem Oberboden von Profil 1 durchgeführt.

Für den Versuchsaufbau wurde eine Edelstahlsäule mit einem Innendurchmesser von 1,6 cm verwendet. Diese wurde ober- und unterhalb der Bodenprobe durch je einen Adapter AK 16 (GE Healthcare, Uppsala, Schweden) abgedichtet. Die Adapter wurden am Ende der Säule verschraubt und schlossen zur Edelstahlsäule hin durch Quetschdichtungen ab. Der Anschluss zur Bodenprobe wurde durch ein feinmaschiges Netz als Filter abgeschlossen. Von diesem Netz aus führt ein Schlauch durch den Adapter nach außen.

Die Säule wurde mit der lufttrockenen Bodenprobe (Einwaage ca. 30 g) gefüllt und über Nacht mit einer $2 \text{ mmol} \cdot \text{L}^{-1}$ Natriumazid-Lösung (NaN_3) aufgesättigt. Zur Vermeidung präferentieller Fließwege und um in der Bodenprobe enthaltene Luft aus der Säule auszutreiben, wurde die Säule von unten nach oben durchströmt. Die Perkolationslösungen wurden mit einer einstellbaren Spritzenpumpe (Perfusor, perfusor® secura, B. Braun, Melsungen, Deutschland) durch die Säule gepumpt. Mit Hilfe eines Fraktionssammlers (Circular I, Reichelt Chemie Technik, Heidelberg, Deutschland) wurde das Eluat oberhalb der Säule in Reaktionsgefäßen aufgefangen, wobei die Sammelintervalle je nach Versuchsansatz variiert wurden. Die Versuche wurden bei Raumtemperatur (20°C) mit einem Perkolationsvolumen von $2 \text{ ml} \cdot \text{h}^{-1}$ durchgeführt, die Eluate gesammelt und bis zur Analyse eingefroren (-80°C). Die Cry3Bb1 Konzentrationen in den Eluaten wurden mittels ELISA bestimmt.

Die Konzentrationen der im Tastversuch verwendeten BSA-Lösung wurden photometrisch bei einer Wellenlänge von 280 nm bestimmt (NanoDrop®, Peqlab, Erlangen, Deutschland). Die Kaliumkonzentrationen wurden flammenphotometrisch ermittelt.

Weitere Vorversuche zeigten, dass eine NaN_3-Hintergrundkonzentration von $2 \text{ mmol} \cdot \text{L}^{-1}$ notwendig ist, um das Bakterienwachstum deutlich zu verringern. Diese

Konzentration wurde zur Aufsättigung der Säule und bei den Perkolationsversuchen mit dem Cry3Bb1 Protein verwendet.

Die Sterilität der Eluate wurde mittels Peptone-yeast extract-soil extract-Agar (PYS-Agar) überprüft.

Als Ausgangs-Konzentrationen für die Perkolationsversuche wurden Cry3Bb1 Proteinlösungen mit 1 µg $\cdot$ mL^{-1} verwendeten. Für die Versuchsansätze 1 und 2 wurde je ein Ansatz mit 50 mL Cry3Bb1 Lösung verwendet. Für Versuch 3 und 4 wurden je Säule 3 mal 50 mL Cry3Bb1 Lösung verwendet. Durch den Wechsel der Perkolationslösungen bei den Versuchsansätzen 3 und 4 kam es zu einer kurzzeitigen Unterbrechung der Perkolation (< 1 min).

Zur permanenten Unterdrückung des Bakterienwachstums innerhalb der Säule wurden den Cry3Bb1 Lösungen jeweils 2 mmol $\cdot$ L^{-1} NaN$_3$ zugesetzt. Die Sammelintervalle waren bei Versuch 2 und 3: 30 min, entsprechend 1 mL Eluat und bei den Versuchen 3 und 4: 60 min, entsprechend 2 mL Eluat. Die Laufzeiten der Versuche waren ca. 19 h bei den Versuchsansätzen 1 bzw. 2, während bei den Versuchen 3 ca. 66 h bzw. 52 h bei Versuchsansatz 4 perkoliert wurde. Zusätzlich zu den Eluaten wurden die Cry3Bb1 Konzentrationen der Ausgangslösungen zu Beginn und am Ende der jeweiligen Perkolationslösung mittels ELISA bestimmt, um eine mögliche Veränderung der Proteinkonzentrationen zu berücksichtigen. Die Ausgangslösungen sowie Teilproben der Eluate wurden durch Ausstrich auf PYS-Nährböden auf Bakterienwachstum untersucht.

3 Ergebnisse und Diskussion

3.1 Feldbodenkundliche Charakterisierung des Standortes

Im Rahmen eines Forschungsverbundes wurde auf einem Versuchsfeld des Lehr,- Versuchs- und Fachzentrums Schwarzenau ein Freisetzungsversuch mit Bt-Mais durchgeführt. Dieses Versuchsfeld lag an einem relativ stark geneigten Hang des Maintals, in der Nähe von Schwarzenau bei Würzburg.
Nach dem Ackerschätzungsrahmen liegt im Bereich des Versuchsstandortes als Bodenart stark sandiger Lehm vor (Zustandsstufe 5-6, Bodenzahl 30-40)

Nach Sondierung der gesamten Versuchsfläche wurden an 3 charakteristischen Standorten Bodenprofile aufgenommen.

Profil 1 - Braunerde

Tiefe [cm]	Horizont	Beschreibung
0-33	Ap	Pflughorizont
33-40	IIBv	Graue Steinlage
40-60	IICv	Rostbraunes, dichtgelagertes Grobsandmaterial

Abb. 3: Profil 1, Braunerde

3 Ergebnisse und Diskussion

Profil 2 - Parabraunerde-Pseudogley

Tiefe [cm]	Horizont	Beschreibung
0-36	Ap	Pflughorizont
36-60	Al/Sw	Tonauswaschungs-horizont, stauwasser-beeinflusst
60-100	Bsg/Sd	Anreicherung Fe/Mn-Oxide, stauwasser-beeinflusst

Abb. 4: Profil 2, Parabraunerde-Pseudogley

Profil 3 - Pelosol

Tiefe [cm]	Horizont	Beschreibung
0-25	Ap	Pflughorizont
> 25	C	Tonlage, stark verdichtet

Abb. 5: Profil 3, Pelosol

Aus den Abbildungen 3 bis 5, den Beschreibungen der drei Profile und den Bodenkenndaten (Tab. 1) wird deutlich, dass es auf dem Versuchsfeld sehr unterschiedliche Ausgangsmaterialien für die Bodenbildung gab. Diese verschiedenen Ausgangsmaterialien führen, zusammen mit der Lage an einem Hang, zu einem sehr heterogenen Standort.

3 Ergebnisse und Diskussion

Tab. 1: Bodenkenndaten der drei aufgenommenen Profile

Profil / Horizont	Verteilung der Partikelgrößen der Feinerde			pH	C_{org}-Gehalte	C/N-Verhältnis
	Ton [%]	Schluff [%]	Sand [%]	(CaCl$_2$)	[%]	
Profil 1 - Braunerde						
Ap	8,79	30,95	60,26	5,7	0,65	9,38
IIBv	-	-	-	-	-	-
IICv	9,92	30,55	59,53	5,5	0,14	6,82
Profil 2 - Parabraunerde Pseudogley						
Ap	10,71	41,65	47,64	5,7	0,34	11,99
Al/Sw	11,84	50,77	37,39	5,9	0,82	10,16
Bsg/Sd	17,21	45,04	37,75	6,1	0,14	9,57
Profil 3 - Pelosol						
Ap	18,12	30,46	51,42	5,6	0,88	10,38
C	57,07	24,74	18,19	4,4	0,38	7,01

3 Ergebnisse und Diskussion

Die Versuchsfläche war in 32 Parzellen mit einer Größe von je 31,5 x 40,5 m aufgeteilt. Die Parzellen waren in vier parallelen Reihen A bis D, mit je acht Parzellen angeordnet. Die Nummerierung erfolgte hangabwärts. In Abbildung 6 ist zusätzlich die Anordnung der verschiedenen verwendeten Maissorten ersichtlich.

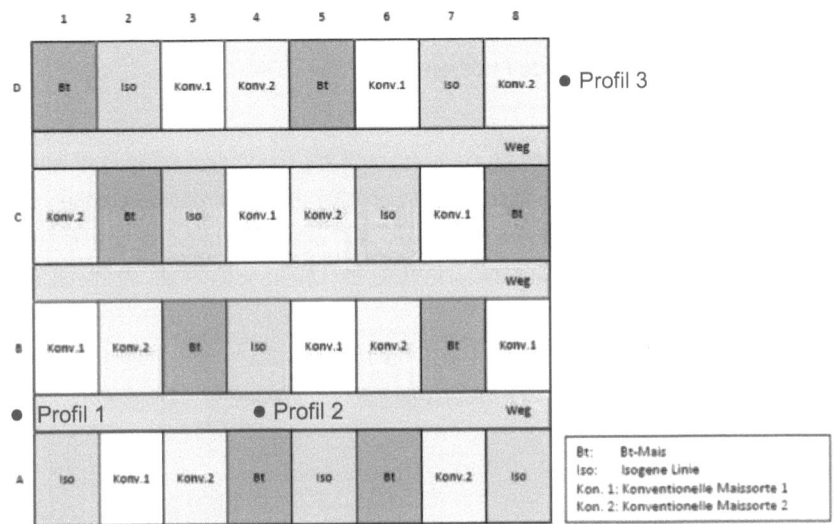

Abb. 6: **Parzellenplan des Versuchsfeldes mit Lage der drei Profilgruben**

Die erste Einschätzung, nach Sondierung des Standortes und nach Aufnahme der drei Bodenprofile in markanten Bereichen des Versuchsfeldes, hat sich nach Untersuchung der Bodenproben von allen Parzellen bestätigt. Bei der dreidimensionalen Darstellung der untersuchten Bodenparameter ist die Heterogenität des Versuchsfeldes, besonders im Unterboden, deutlich zu erkennen. Die zwei untersuchten Tiefen unterscheiden sich teilweise deutlich in ihren Eigenschaften. Während sich im Oberboden für die meisten Bodeneigenschaften ähnliche Werte zeigen, fällt der Unterboden durch große Streubereiche der verschiedenen Werte auf (siehe Kap. 3.2). Diese Unterschiede müssen auf unterschiedliche Ausgangsmaterialien bei der Bodenbildung zurückgeführt werden. Diese verschiedenen Bodenarten sind hauptsächlich für die Heterogenität des Standortes und die daraus resultierende unterschiedlich starke Ausprägung der verschiedenen Bodeneigenschaften im Unterboden verantwortlich.

Hingegen sind diese unterschiedlichen Materialien im Oberboden durch Bodenbearbeitung gemischt und somit homogenisiert worden, womit sich die Proben der verschiedenen Parzellen wesentlich weniger unterscheiden als die des Unterbodens.

3.2 Charakterisierung der Größenfraktionen der Böden des Standortes

3.2.1 pH-Werte der Feinerde-Fraktion

Die pH-Werte der Böden liegen im Bereich von 5 bis 6 und sind somit in einem für einen Ackerstandort charakteristischen Bereich. Die pH-Werte der Unterböden sind höher als diejenigen der Oberböden, was auf eine zunehmende Versauerung zurückzuführen ist. Zudem sind die pH-Werte im Unterboden (Abb. 7) durch eine stärkere Streuung gekennzeichnet.

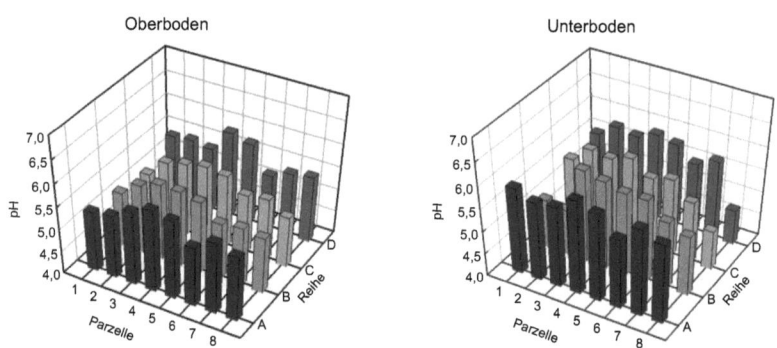

Abb. 7: pH-Werte der Ober- und Unterböden

3.2.2 Partikelgrößen-Verteilung der Feinerde-Fraktion

Die Ergebnisse der Korngrößenverteilung der Feinerde-Fraktion zeigen die Unterschiede in der Zusammensetzung zwischen Ober- und Unterboden. Die geringeren Schwankungen der Werte des Oberbodens sind auf die Homogenisierung zurückzuführen (Abb. 8). Auffällig sind die durch sehr hohe Tongehalte von ca. 30-

40 % gekennzeichneten Parzellen (A8, C8, D8) im Bereich des Hangfußes. Zudem fällt die Bodenprobe der Parzelle B2 mit einem Tongehalt von ca. 40 % auf.

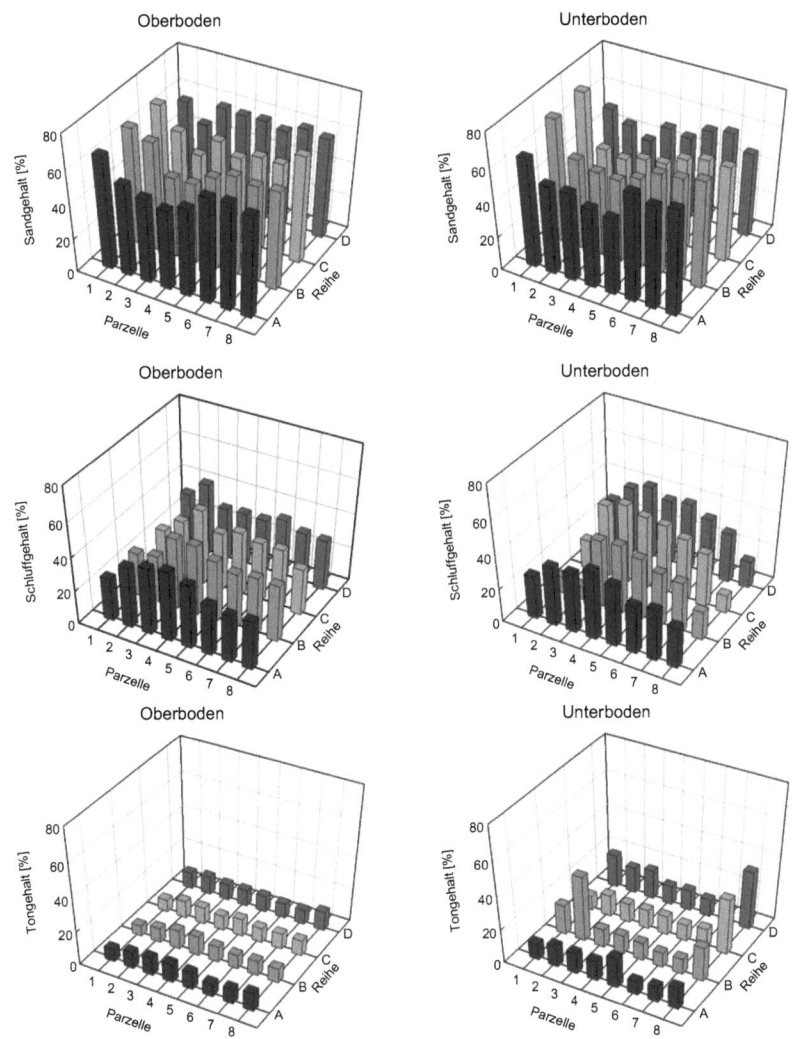

Abb. 8: **Verteilung der Partikelgrößen der Feinerde-Fraktion aus Ober- und Unterboden**

3 Ergebnisse und Diskussion

3.2.3 Gehalt an organischem Kohlenstoff

Die Gehalte an organischem Kohlenstoff (C_{org}) im Oberboden sind sowohl bei der Feinerde-Fraktion als auch bei den Proben der Ton-Fraktion höher als im Unterboden (Abb. 9, Abb. 10). Dies ist auf den Eintrag des organischen Materials unter anderem durch Erntereste zurückzuführen.

Da die organische Substanz im Boden auch als Ton-Humus-Komplex vorliegt, ist die Ton-Fraktion durch höhere C_{org}-Gehalte gekennzeichnet als die Proben der Feinerde-Fraktion. Auch in der Ton-Fraktion des Unterbodens sind C_{org}-Gehalte von 0,5-1,8 % anzutreffen.

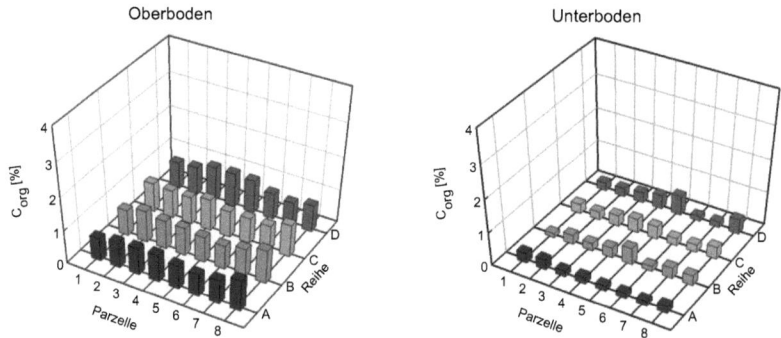

Abb. 9: C_{org}-Gehalte der Feinerde-Fraktion aus Ober- und Unterboden

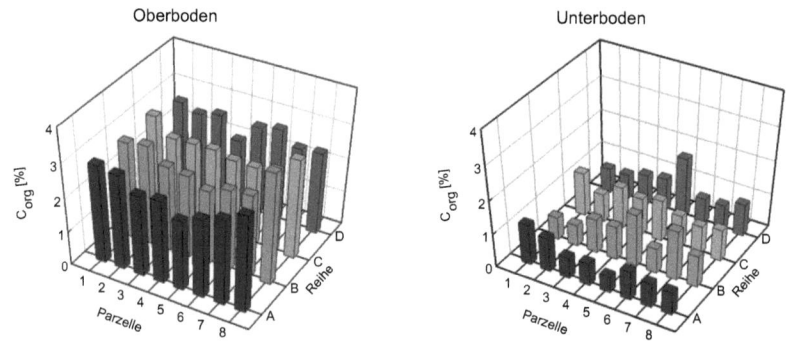

Abb. 10: C_{org}-Gehalte der Ton-Fraktion aus Ober- und Unterboden

3.2.4 Kationenaustauschkapazität

Im Oberboden zeigt sich bei der Kationenaustauschkapazität (KAK) der Feinerde-Fraktion nur eine geringe Streuung von 23 bis zu 63 mmol$_c$ · kg^{-1} innerhalb des Versuchsfeldes (Abb. 11). Im Unterboden ist dagegen eine höhere KAK von bis zu 160 mmol$_c$ · kg^{-1} in den durch hohe Tongehalte gekennzeichneten Parzellen (B2, B8, C8, D8) zu beobachten.

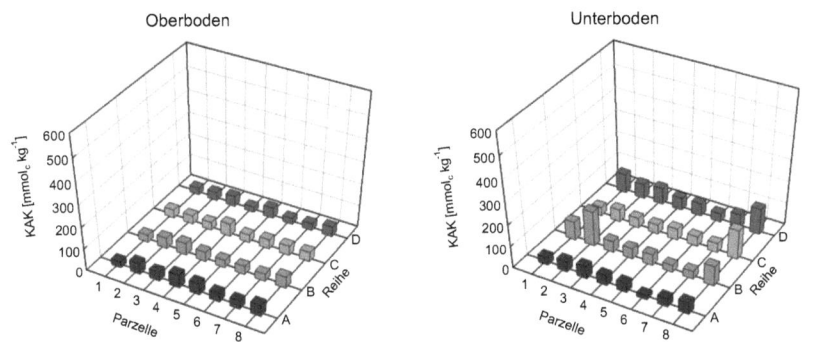

Abb. 11: Kationenaustauschkapazität der Feinerde-Fraktion aus Ober- und Unterboden

Die KAK der Ton-Fraktion ist mit Werten im Bereich von 188-550 mmol$_c$ · kg^{-1} wesentlich höher als die der Feinerde-Fraktion (Abb. 12). Die starke Schwankung innerhalb der Freisetzungsfläche ist auf die chemische und mineralogische Zusammensetzung der Ton-Fraktion zurückzuführen (siehe 3.2.9).

3 Ergebnisse und Diskussion

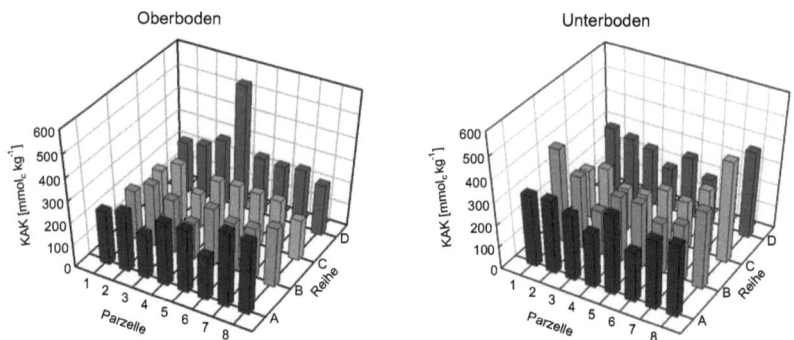

Abb. 12: Kationenaustauschkapazität der Ton-Fraktion aus Ober- und Unterboden

3.2.5 Spezifische äußere Oberfläche

Bei der Feinerde-Fraktion liegt die Größe der spezifischen Oberflächen zwischen 1,8 und 35 m² · g^{-1}, wobei die vier Proben B2, B8, C8 und D8 der Feinerde-Fraktion des Unterbodens aufgrund ihrer hohen Tongehalte die größten spezifischen äußeren Oberflächen aufweisen (Abb. 13). Aufgrund der Partikelgröße besitzen die Proben der Feinerde-Fraktion (< 2 mm) eine wesentlich geringere spezifische äußere Oberfläche als die Proben der Ton-Fraktion (Abb. 13, Abb. 14). Die Größe der spezifischen Oberflächen der Ton-Fraktion liegen zwischen 15 und 80 m² · g^{-1}. Auch hier sind die geringen Schwankungen der Werte im Oberboden auf die Bodenbearbeitung zurückzuführen.

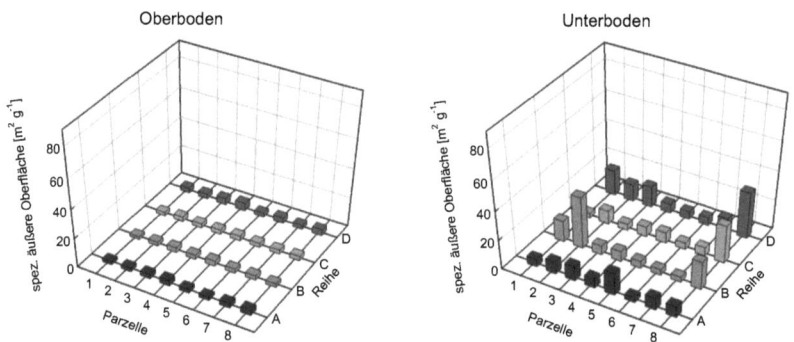

Abb. 13: Spezifische äußere Oberfläche der Partikel der Feinerde-Fraktion aus Ober- und Unterboden

3 Ergebnisse und Diskussion

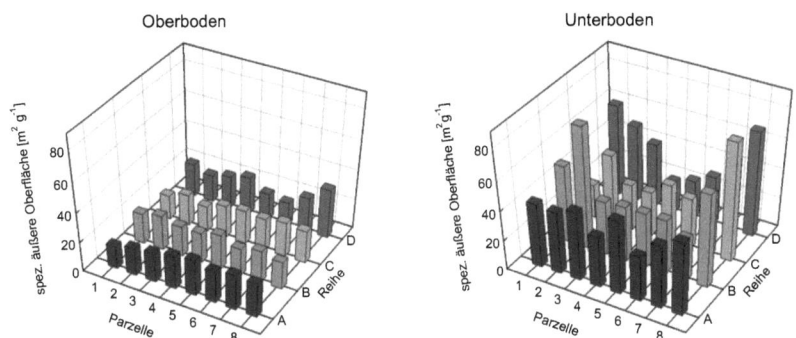

Abb. 14: **Spezifische äußere Oberfläche der Partikel der Ton-Fraktion aus Ober- und Unterboden**

3.2.6 Spezifische äußere negative Oberflächenladung

Die spezifische äußere Oberflächenladung wurde an den Proben der Größenfraktion < 63 µm und der Ton-Fraktion (< 2 µm) bestimmt. Die Bestimmung der spezifischen äußeren Oberflächenladung der Feinerde-Fraktion war aus messtechnischen Gründen nicht möglich.

Die Werte der spezifschen äußeren negativen Oberflächenladung der Größenfraktion < 63 µm des Unterbodens zeigen im Gegensatz zu den Werten des Oberbodens eine größere Streuung (Abb. 15). Die hohen Werte einiger Proben des Unterbodens sind auf die erhöhten Tongehalte zurückzuführen.

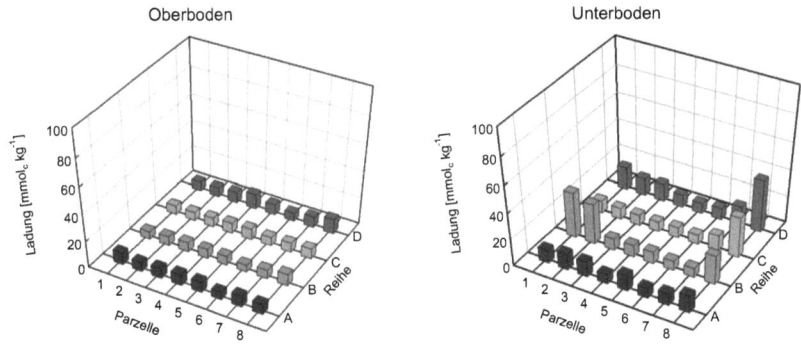

Abb. 15: **Spezifische äußere negative Oberflächenladung der Größenfraktion < 63 µm aus Ober- und Unterboden**

45

3 Ergebnisse und Diskussion

Im Vergleich mit der Größenfraktion < 63 µm sind die spezifischen äußeren negativen Oberflächenladungen der Ton-Fraktion mit Werten von 26 bis 89 $mmol_c \cdot kg^{-1}$ wesentlich höher (Abb. 16). Dies ist auf die Größe der spezifischen Oberfläche und die Kristallstruktur dieser Größenfraktion (< 2 µm) zurückzuführen.

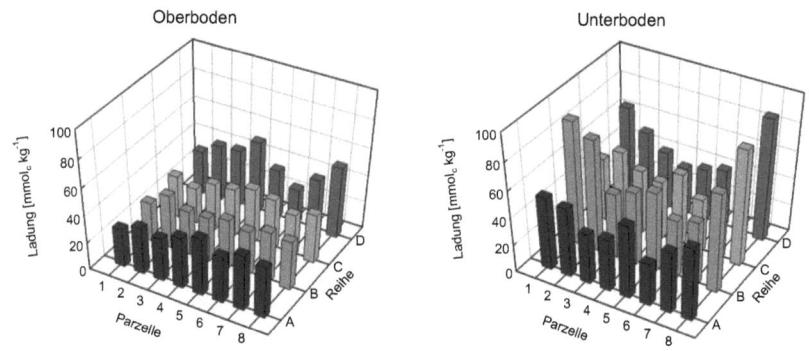

Abb. 16: Spezifische äußere negative Oberflächenladung der Ton-Fraktion aus Ober- und Unterboden

3.2.7 Gehalt an Eisenoxiden/-hydroxiden

Die Gehalte an oxalatlöslichen Eisenoxiden/-hydroxiden (Fe_o) und der gesamten Eisenoxide/-hydroxide (Fe_d) sind in den Abbildungen 17 bis 20 dargestellt.
Die Fe_d-Gehalte von Feinerde-Fraktion und Ton-Fraktion sind deutlich höher als die jeweiligen Werte für Fe_o. Zudem fallen die Proben aus dem Unterboden durch besonders starke Schwankung der Fe_d-Gehalte auf (Abb. 18, Abb. 20). Die Fe_o- bzw. Fe_d-Gehalte aus dem Oberboden zeigen auch hier eine geringere Schwankungsbreite.
Die Unterböden haben im Gegensatz zu den Oberböden einen höheren Gehalt an kristallinen Eisenoxiden/hydroxiden, als Folge einer fortgeschrittenen Pedogenese im Bereich der Unterbodenhorizonte.

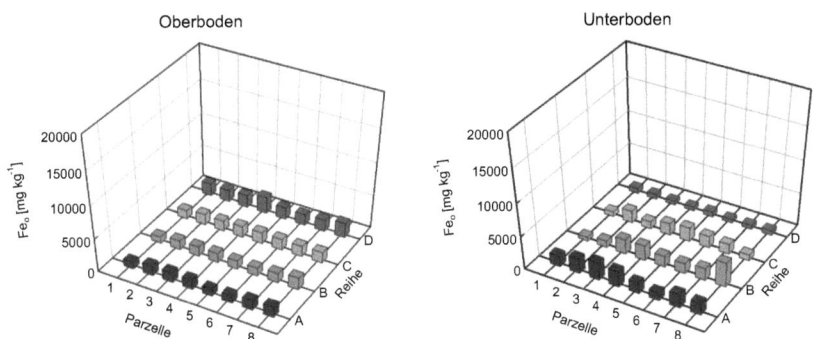
Abb. 17: Fe_o der Feinerde-Fraktion aus Ober- und Unterboden

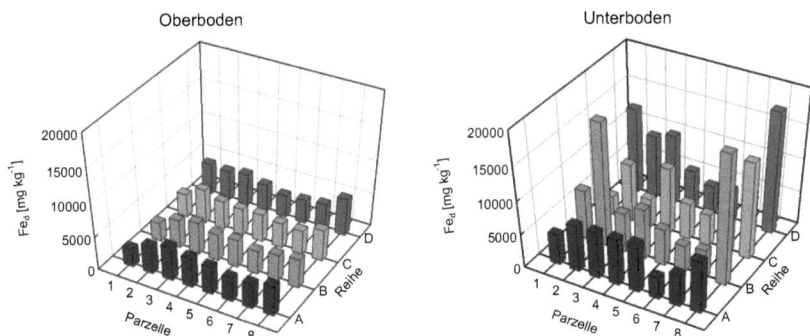
Abb. 18: Fe_d der Feinerde-Fraktion aus Ober- und Unterboden

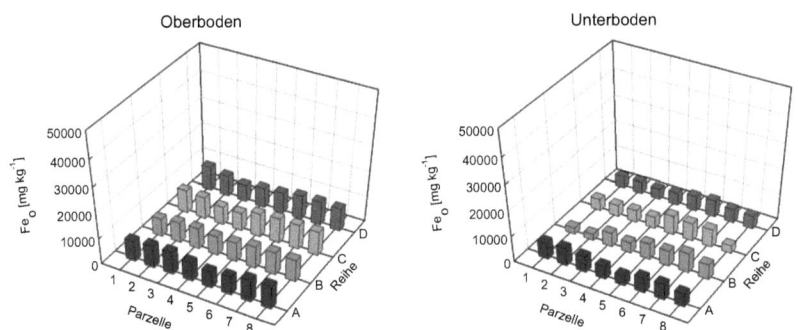
Abb. 19: Fe_o der Ton-Fraktion aus Ober- und Unterboden

3 Ergebnisse und Diskussion

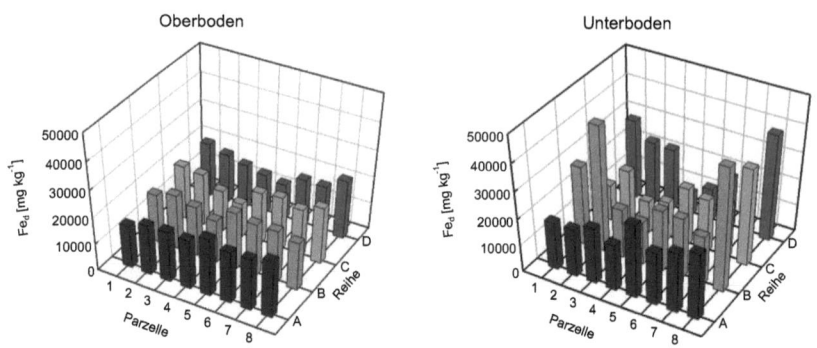

Abb. 20: Fe$_d$ der Ton-Fraktion aus Ober- und Unterboden

3.2.8 Gehalt an Manganoxiden/-hydroxiden

Die Gehalte an oxalatlöslichen (Mn$_o$) und dithionitlöslichen Manganoxiden/ -hydroxiden (Mn$_d$) sind in den Abbildungen 21 bis 24 dargestellt.
Bei den Proben der Feinerde-Fraktion sind die Gehalte an Mn$_o$ und Mn$_d$ nahezu identisch (Abb. 21 bis 24). Dies trifft auch für die Ton-Fraktion zu. Dies legt nahe, dass das Mangan hier hauptsächlich in Form von Oxiden/Hydroxiden vorliegt.

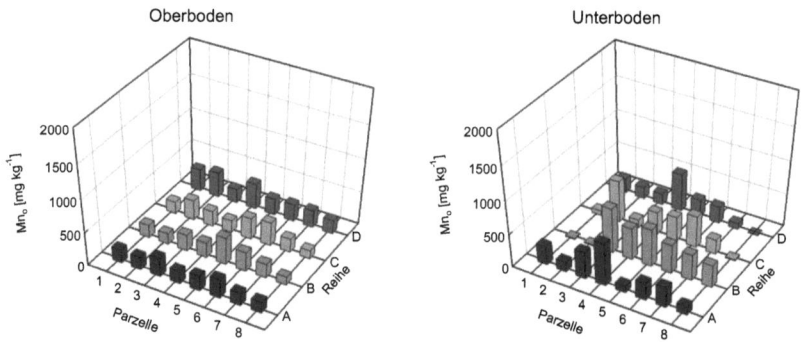

Abb. 21: Mn$_o$ der Feinerde-Fraktion aus Ober- und Unterboden

3 Ergebnisse und Diskussion

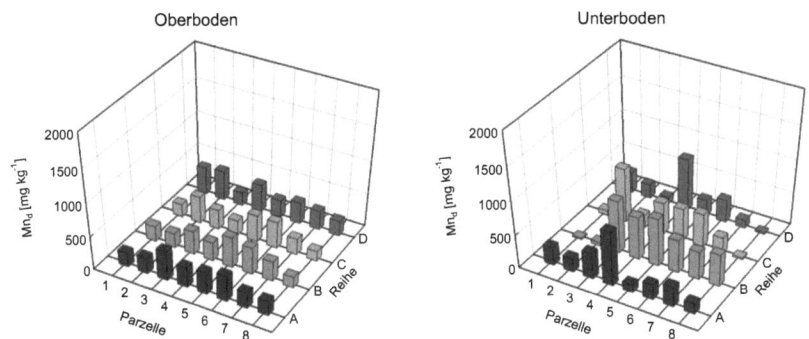

Abb. 22: Mn_d der Feinerde-Fraktion aus Ober- und Unterboden

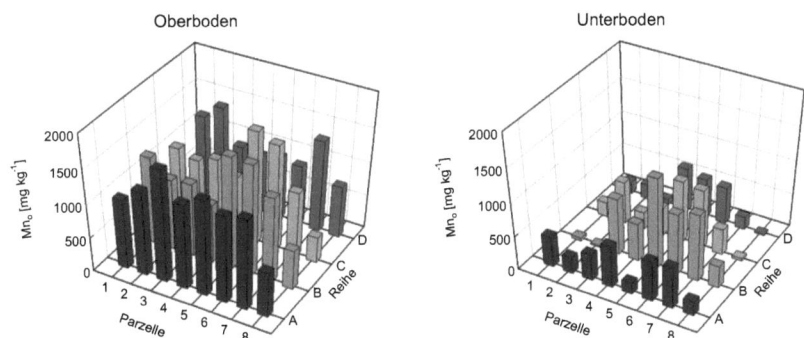

Abb. 23: Mn_o der Ton-Fraktion aus Ober- und Unterboden

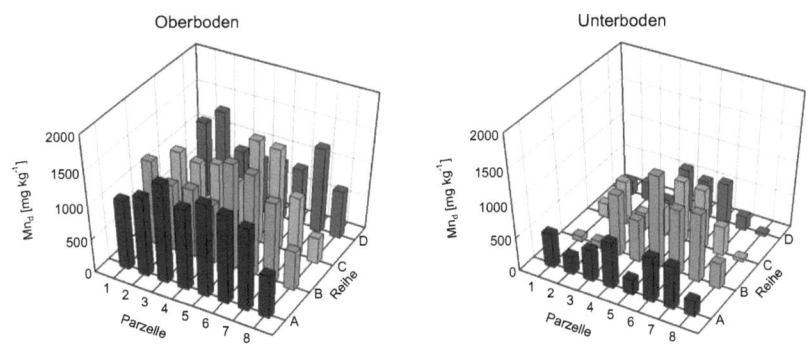

Abb. 24: Mn_d der Ton-Fraktion aus Ober- und Unterboden

3 Ergebnisse und Diskussion

3.2.9 Mineralische Zusammensetzung der Ton-Fraktion

In den Proben der Ton-Fraktion konnten Vermiculit und Smectit in Spuren nachgewiesen werden. Kaolinit und Illit waren in den Proben in höheren Gehalten vorhanden (Abb. 25, Abb. 26). Eine befriedigende Quantifizierung der Anteile in den Proben war nicht möglich, da bewusst auf die Entfernung der organischen Substanz verzichtet worden ist. Bedingt durch die Anwesenheit der organischen Substanz war nur eine halbquantitative Auswertung der Röntgendiffraktogramme möglich.

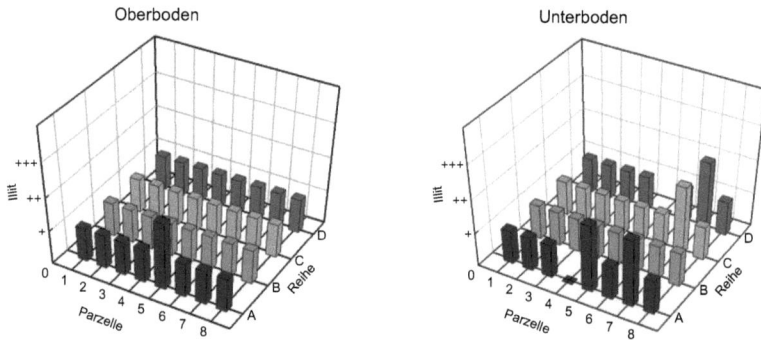

Abb. 25: Illit in der Ton-Fraktion von Ober- und Unterboden

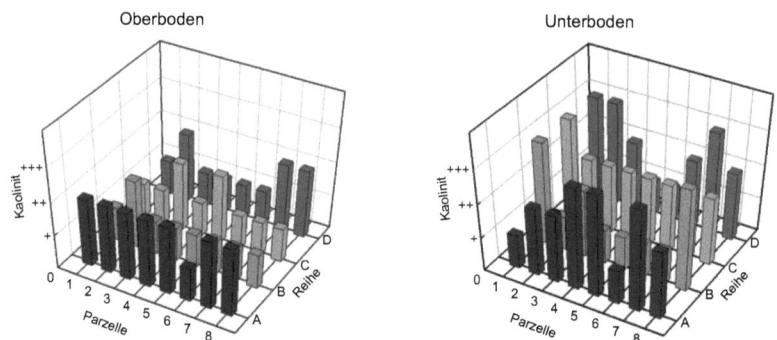

Abb. 26: Kaolinit in der Ton-Fraktion von Ober- und Unterboden

3.2.10 Statistische Zusammenhänge der Bodenparameter

In den Tabellen 2 und 3 sind die R^2-Werte für die Abhängigkeit der Eigenschaften von Feinerde-Fraktion und Ton-Fraktion untereinander dargestellt. Diese Werte werden benötigt, um bei der Bestimmung der Abhängigkeit der Sorption von den Probeneigenschaften, besonders bei der multiplen Regression, Scheinkorrelationen auszuschließen.

Tab. 2: R^2-Werte[+] für die Abhängigkeit zwischen den Eigenschaften der Feinerde-Fraktion (n=64)

Parameter	C_{org}-Gehalt	Spez. äuß. Oberfläche	KAK	Tongehalt	Fe_o	Fe_d	Mn_o	Mn_d
C_{org}-Gehalt	X	0,22	0,08	0,12	0,00	0,18	0,02	0,01
Spez. äuß. Oberfläche		X	0,81	0,95	0,00	0,85	0,10	0,08
KAK			X	0,87	0,04	0,73	0,14	0,09
Tongehalt				X	0,03	0,80	0,14	0,11
Fe_o					X	0,00	0,20	0,18
Fe_d						X	0,03	0,01
Mn_o							X	0,94
Mn_d								X

[+] Der R^2-Wert ist das Bestimmtheitsmaß für die hier verwendete lineare Regression

Tab. 3: R^2-Werte[+] für die Abhängigkeit zwischen den Eigenschaften der Ton-Fraktion (n=64)

Parameter	C_{org}-Gehalt	Spez. äuß. Oberfläche	KAK	Spez. äuß. negative Oberfl.-ladung	Fe_o	Fe_d	Mn_o	Mn_d
C_{org}-Gehalt	X	0,60	0,08	0,38	0,65	0,15	0,47	0,42
Spez. äuß. Oberfläche		X	0,29	0,78	0,53	0,66	0,52	0,50
KAK			X	0,40	0,46	0,56	0,39	0,39
Spez. äuß. neg. Oberflächenl.				X	0,09	0,22	0,13	0,14
Fe_o					X	0,15	0,52	0,49
Fe_d						X	0,16	0,16
Mn_o							X	0,99
Mn_d								X

3.3 Sorption von Cry3Bb1

Im Bereich der hier verwendeten, sehr geringen Proteinkonzentrationen verlaufen alle Sorptionsisothermen annähernd linear und lassen sich somit mathematisch mit einer linearen Gleichung beschreiben (vgl. Kap. 1.2). Der typische Verlauf einer solchen Isotherme ist in Abbildung 27 für zwei Proben der Ton-Fraktion dargestellt. Es kann davon ausgegangen werden, dass das Maximum der Adsorption erst bei weitaus höheren Proteinkonzentrationen erreicht wird.

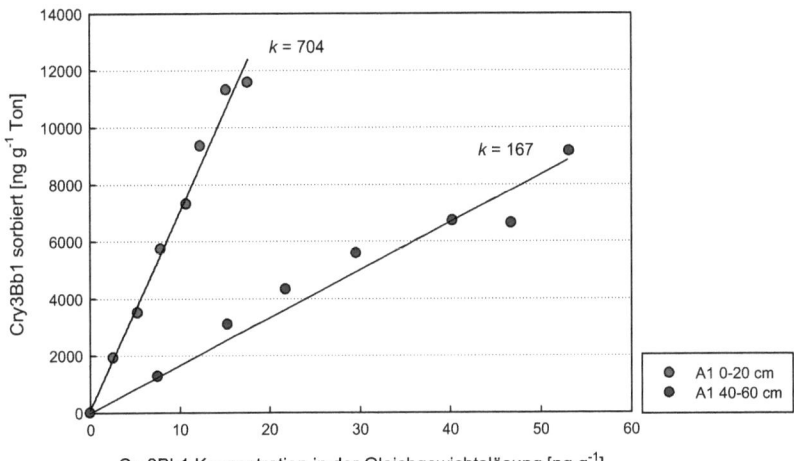

Abb. 27: **Sorption von Cry3Bb1 an die Probe A1 der Ton-Fraktion des Ober- und Unterbodens**

3 Ergebnisse und Diskussion

3.3.1 Adsorption von Cry3Bb1 an drei Größenfraktionen

3.3.1.1 Sorption an die Feinerde-Fraktion

Die k-Werte für die Sorption von Cry3Bb1 an die Feinerde-Fraktion (< 2 mm) liegen im Oberboden im Bereich von 27-78 und im Unterboden im Bereich von 18-88. Die Probe B2 (40-60 cm) mit einem k-Wert von 306 wird als Ausreißer eingestuft. Wie aus Abbildung 28 hervorgeht, gibt es nur im Unterboden dieser Parzelle einen derart hohen Wert. Dies muss auf eine abweichende Zusammensetzung des Unterbodens zurückzuführen sein. Diese Abweichung lässt sich jedoch nicht allein mit dem Tongehalt oder anderen untersuchten Eigenschaften dieser Probe erklären und wird in Kapitel 3.6 ausführlich diskutiert.

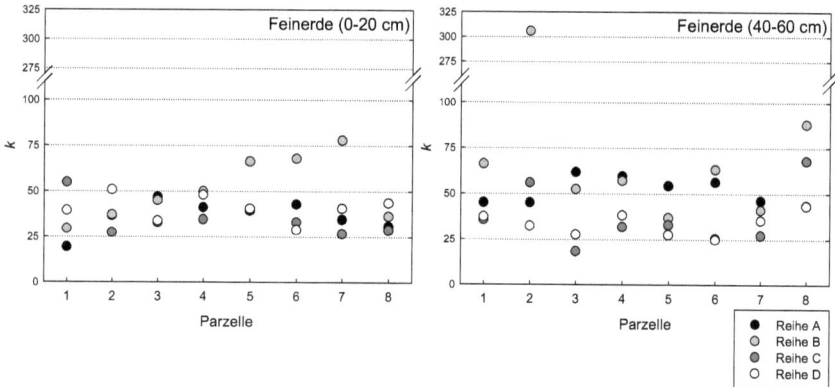

Abb. 28: Räumliche Verteilung der k-Werte für die Sorption von Cry3Bb1 an die Feinerde-Fraktion nach Reihe und Parzelle

Trotz der ähnlichen Streubereiche der k-Werte in den beiden untersuchten Tiefen (Mittelwerte, ±Standardabweichung [%]: Oberboden 41 ± 5 %, Unterboden 44 ± 7 %) zeigt sich in Abbildung 28, dass die meisten Werte im Oberboden in einem engeren Bereich streuen als die Werte im Unterboden. Diese Ähnlichkeit der Sorptionsstärke der verschiedenen Proben ist vermutlich auf die langjährige Homogenisierung des Ap-Horizontes durch Bodenbearbeitung in allen 32 Parzellen zurückzuführen, wie bereits in Kapitel 3.2 für die Bodenparameter dargestellt.

3.3.1.2 Sorption an die Größenfraktion < 63 µm

Die Sorption von Cry3Bb1 an die Größenfraktion < 63 µm wurde untersucht, um einen Einfluss der negativen spezifischen äußeren Oberflächenladung auf die Stärke der Sorption bestimmen zu können. Bei der Feinerde-Fraktion waren diese Untersuchungen nicht möglich.

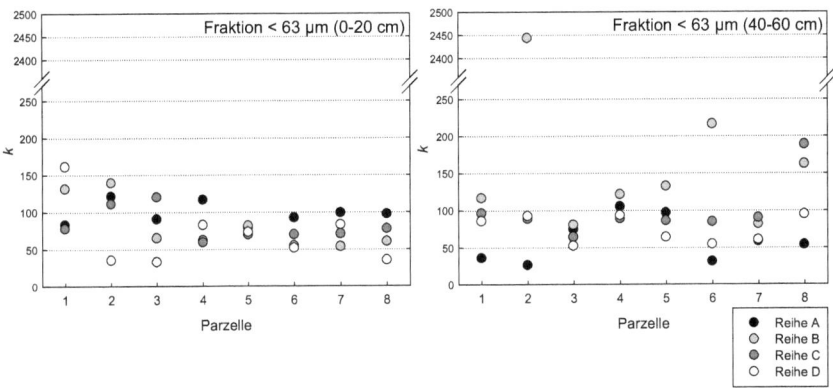

Abb. 29: Räumliche Verteilung der k-Werte für die Sorption von Cry3Bb1 an die Größenfraktion < 63 µm nach Reihe und Parzelle

Die Verteilungskoeffizienten der Sorption an die Größenfraktion < 63 µm liegen im Bereich von 26-216. Wie schon bei den k-Werten der Feinerde-Fraktion fällt auch hier die Probe B2 (40-60 cm Tiefe) mit einem k-Wert von 2443 als Ausreißer auf (Abb. 29).

Die Homogenisierung des Oberbodens führt, wie schon bei der Feinerde-Fraktion, zu einem geringeren Streubereich der k-Werte in 0-20 cm Tiefe. Auch hier tritt, bedingt durch die Heterogenität des Ausgangsmaterials im Unterboden, eine stärkere Schwankung der Verteilungskoeffizienten auf.

3 Ergebnisse und Diskussion

3.3.1.3 Sorption an die Ton-Fraktion

Die k-Werte der Ton-Fraktion (< 2 µm) liegen im Oberboden im Bereich von 354-1085. Die Verteilungskoeffizienten für die Sorption an die Unterbodenproben liegen mit 129-485 in einem deutlich geringeren Bereich (Abb. 30). Die beiden Wertebereiche setzen sich zwar voneinander ab, es gibt jedoch auch einen gemeinsamen Wertebereich.

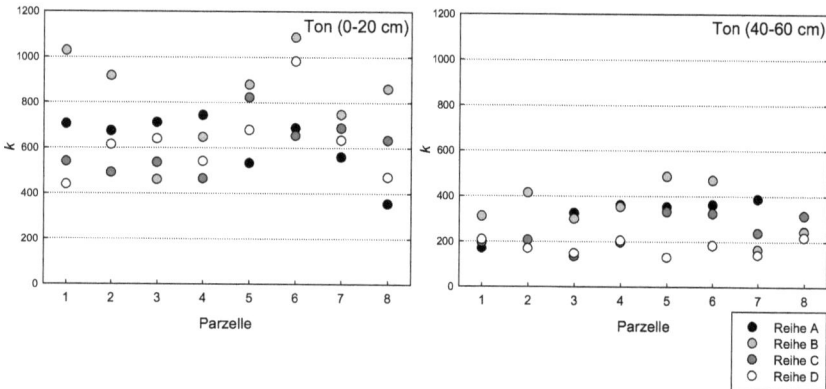

Abb. 30: Räumliche Verteilung der k-Werte für die Sorption von Cry3Bb1 an die Ton-Fraktion nach Reihe und Parzelle

Bei der Darstellung der Häufigkeitsverteilung der k-Werte für die Ton-Fraktion zeigt sich diese weitgehende Trennung der Wertebereiche von k besonders deutlich (Abb. 31). Bei den k-Werten der Feinerde-Fraktion und der Größenfraktion < 63 µm zeigt sich keine derartige Trennung der Werte von Ober- und Unterboden.

3 Ergebnisse und Diskussion

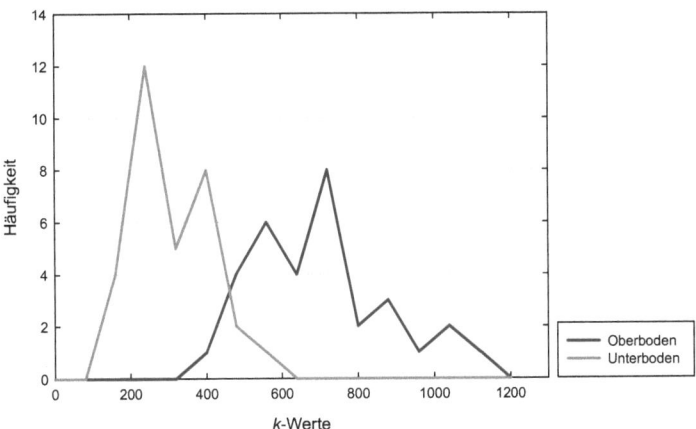

Abb. 31: Häufigkeitsverteilung der k-Werte für die Sorption von Cry3Bb1 an die Ton-Fraktion des Ober- und Unterbodens

Der Interpretation zur Abhängigkeit der Sorption von den Bodeneigenschaften vorgreifend, liegt die Vermutung nahe, dass es bei den Proben der Ton-Fraktion einen generellen Unterschied zwischen Ober- und Unterboden geben könnte, welcher die Sorption von Cry3Bb1 beeinflusst.

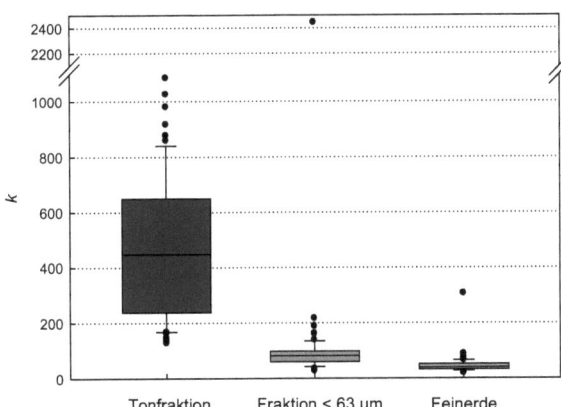

Abb. 32 Verteilung der k-Werte der drei untersuchten Größenfraktionen inklusive des Ausreißers B2 der Feinerde-Fraktion und der Größenfraktion < 63 µm (10% und 90%-Perzentile)(Boxplots erstellt mit SigmaPlot 10.0)

3 Ergebnisse und Diskussion

Abbildung 32 zeigt zusammenfassend die Verteilung der k-Werte für die Sorption des Cry3Bb1 Proteins an die verschiedenen Größenfraktionen. Es zeigt sich hier sehr deutlich, dass die Größenfraktionierung der Proben einen großen Einfluss auf das Sorptionsverhalten hat.

Dieser Sachverhalt muss auf die Zunahme der spezifischen Oberfläche mit abnehmender Größe der Bodenpartikel zurückgeführt werden. Berücksichtigt werden muss hierbei allerdings, dass die Belegung der Proben der Ton-Fraktion mit Mg^{2+}-Kationen einen Einfluss auf die Sorption haben könnte, welcher bei den beiden anderen Fraktionen nicht auftritt, da diese nicht mit Magnesium belegt wurden.

3.3.2 Probenauswahl für weitere Sorptions- und Desorptionsexperimente

Die Versuche zur Desorption sowie zum Einfluss von pH-Wert und Ionenstärke auf die Sorption von Cry3Bb1 und die Sorptionsexperimente mit dem Cry1Ab-Protein wurden an drei ausgewählten Bodenproben durchgeführt. Die drei Proben A8, B6 und D5 der Ton-Fraktion aus dem Oberboden sind durch den höchsten, den niedrigsten und einen mittleren Sorptionskoeffizienten k gekennzeichnet und decken den gesamten Schwankungsbereich der Sorption von Cry3Bb1 an Proben der Ton-Fraktion ab (Tab. 4).

Tab. 4: Kenndaten der Proben A8, B6, D5 und D3 der Ton-Fraktion des Oberbodens

Probe	k-Wert	C_{org}	Spez. äuß. Oberfläche	KAK	Neg. spez. Oberflächen-ladung	Fe_o	Fe_d	Mn_o	Mn_d
		[%]	[$m^2\ g^{-1}$]	[$mmol_c\ kg^{-1}$]		[$mg\ kg^{-1}$]			
A8	354	2,86	22,99	326,7	37,57	9000	21400	700	700
B6	1085	2,40	18,66	226,5	32,70	8500	19600	1600	1500
D5	676	2,62	17,44	267,6	36,18	8000	13400	900	900
D3	638	2,7	21,28	294,9	41,75	6600	16200	900	900

3.3.3 Sorption von Cry3Bb1 bei Variation des pH-Wertes

Da sich der pH-Wert im Boden sowohl durch natürliche Einflüsse als auch durch Kalkung und Düngung verändern kann, wurde der Einfluss verschiedener pH-Werte auf das Sorptionsverhalten von Cry3Bb1 untersucht.

Die Untersuchungen wurden an den drei Proben A8, B6 und D5 der Ton-Fraktion aus dem Oberboden durchgeführt.

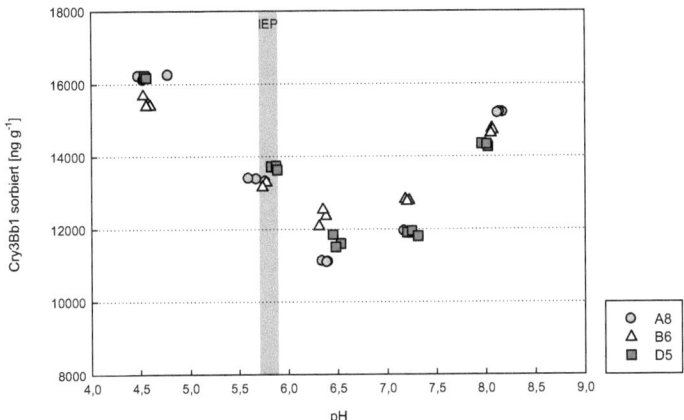

Abb. 33: Adsorption von Cry3Bb1 an die Ton-Fraktion der Parzellen A8, B6 und D5 aus dem Oberboden bei künstlich eingestellten pH-Werten, der graue Bereich kennzeichnet den IEP des Cry3Bb1 Proteins

In Abhängigkeit vom eingestellten pH-Wert kommt es zu unterschiedlich hoher Sorption von Cry3Bb1 an die Proben der Ton-Fraktion. Die sorbierte Proteinmenge nimmt bei den drei verwendeten Proben von pH 4,5 bis pH 6,5 stetig ab, steigt jedoch ab pH 6,5 bis zum höchsten verwendeten pH von 8,0 wieder an (Abb. 33).

Die an die drei Proben sorbierten Proteinmengen unterscheiden sich im Bereich eines eingestellten pH-Wertes nur minimal.

Der isoelektrische Punkt (IEP) des Cry3Bb1 Proteins liegt im Bereich von 5,7 (berechnet, ExPASy) bis 5,9 (FIORITO et al., 2008). Bei pH-Werten unterhalb des IEP des Proteins ist die Proteinoberfläche durch Protonierung positiv geladen. Da die Tonmineraloberflächen durch isomorphen Ersatz eine negative Oberflächenladung besitzen, ergibt sich eine Anziehung zwischen dem positiv geladenem Protein und der negativ geladenen Mineraloberfläche, welche zur Erhöhung der Sorption führt (MC LAREN et al., 1958; ARMSTRONG & CHESTER, 1964).

Die negativ geladenen Oberflächen der Proben sind zwar durch Kationen, hier in erster Linie durch Magnesium belegt, organische Kationen können diese jedoch von den negativen Plätzen verdrängen, wie unter anderem MC LAREN et al. (1958) berichten.

Dieser Theorie folgend, müsste die Oberfläche des Cry3Bb1 Proteins oberhalb seines IEP mit ansteigendem pH-Wert zunehmend negativ geladen sein. Dies muss in Folge zu einer Abstoßung zwischen der negativ geladenen Tonmineraloberfläche und dem Protein führen. Dies ist in dieser Untersuchung jedoch nicht der Fall. Eine mögliche Erklärung ist die Bindung des negativ geladenen Proteins an die negativ geladene Tonmineraloberfläche über Brückenkationen. Als Brückenkationen standen Mg^{2+}-Kationen zur Verfügung, mit denen die Proben der Ton-Fraktion belegt waren. Es ist nicht geklärt, ob die Kationenbelegung für diesen Effekt der Erhöhung der Sorption ausreicht, da auch diese Experimente unter Verwendung von $H_2O_{dest.}$ durchgeführt wurden.

3.3.4 Sorption von Cry3Bb1 bei Variation des Begleitelektrolyten

In der Bodenlösung liegen unterschiedliche Ionen vor. Die Konzentration dieser Ionen im Boden kann sich im Laufe der Zeit durch natürliche oder anthropogene Faktoren wie Auswaschung, Düngung oder Kalkung verändern.
Der Einfluss verschiedener Kationen auf die Sorption von Cry3Bb1 wurde anhand von Sorptionsversuchen mit drei verschiedenen Ionen im Hintergrund der Sorption untersucht. Als Kationen wurden hierfür Calcium, Natrium und Kalium ausgewählt und als $CaCl_2$-, NaCl- bzw. KCl-Lösungen zu den Tonsuspensionen gegeben. In den Reaktionsgefäßen wurden folgende Kationenkonzentration eingestellt: Ca^{2+}: 2,25 mmol · L^{-1}, Na^+: 0,7 mmol · L^{-1}, K^+: 0,4 mmol · L^{-1}. Werte dieser Größenordnung liegen in Böden an Ackerstandorten vor.

In Abbildung 34 sind die erhaltenen Isothermen dargestellt. Aufgrund des Verlaufs der Isothermen der Sorption mit Ca^{2+} im Hintergrund und der Isotherme der Probe A8 mit Na^+ im Hintergrund wurden hier keine Ausgleichsgeraden eingezeichnet. Bei den drei untersuchten Proben der Ton-Fraktion zeigt sich eine deutliche Zunahme der Sorption, wenn $CaCl_2$ als Hintergrundelektrolyt in der Lösung vorliegt. Zwischen den Varianten H_2O (kein Hintergrundelektrolyt) und KCl bzw. NaCl als Hintergrundelektrolyt sind hingegen keine wesentlichen Unterschiede im Sorptionsverhalten zu beobachten mit Ausnahme Probe A8.

3 Ergebnisse und Diskussion

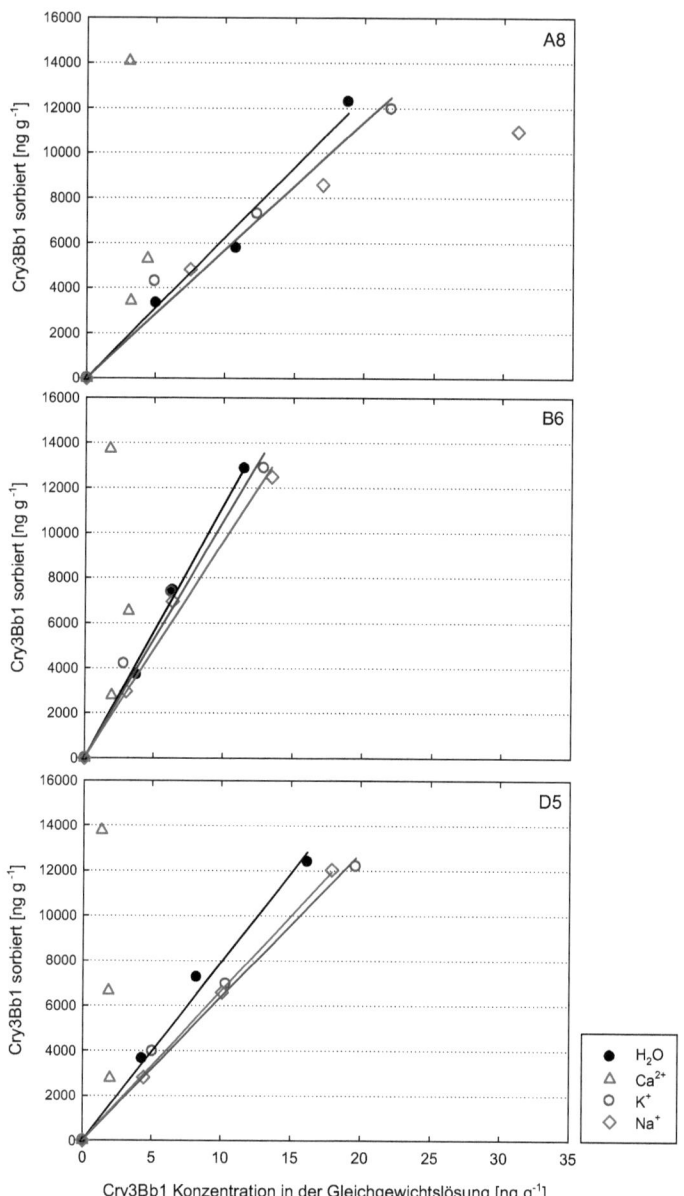

Abb. 34: Sorption von Cry3Bb1 in Abhängigkeit der Begleitkationen an die Proben A8, B6 und D5 der Ton-Fraktion des Oberbodens

Die Verwendung des zweiwertigen Kations Ca^{2+} in Form von $CaCl_2$ hat die Sorption extrem verstärkt und den Einfluss der Probeneigenschaften auf die Sorption (vgl. Kap. 3.8) überlagert. Einwertige Kationen (als KCl bzw. NaCl) haben dagegen nur einen minimalen, abschwächenden Einfluss auf die Sorption von Cry3Bb1.

Für diese Beobachtungen gibt es verschiedene mögliche Erklärungen:

1) Calcium als einziges untersuchtes, zweiwertiges Kation erhöht die Sorption durch seine Wirkung als Brückenkation zwischen der negativ geladenen Tonmineraloberfläche und dem Protein (mit pH-abhängiger Ladung).

2) Durch Zugabe von zweiwertigen Kationen zur wässrigen Suspension kann es zu Flockung der Tonsuspension kommen. Eine Ca^{2+}-Konzentration in der Lösung von z.B. 0,09-0,12 mmol $\cdot$ L^{-1} reicht nach O'BRIEN (1971) aus, um eine Suspension eines mit $CaCl_2$ gesättigten Montmorillonit auszuflocken. Hierbei ist es denkbar, dass Proteine zwischen Tonmineralen eingeschlossen werden und somit, aufgrund der im Versuch verwendeten indirekten Proteinbestimmung, als sorbiert betrachtet werden.

Die Ausflockung der ursprünglich dispergiert vorliegenden Cry-Proteine durch Zugabe der Ca^{2+}-Ionen kann hier ausgeschlossen werden, da dieses Phänomen auch bei den angepassten Kalibrationsreihe aufgetreten wäre. Bei der Kalibration gab es jedoch keine Unterschiede zwischen den Werten mit und ohne Begleitkation.

Durch die Zugabe der Calciumlösung ergibt sich eine Ionenstärke von ca. 6,75 mmol $\cdot$ L^{-1} in der wässrigen Suspension. Durch diese Erhöhung der Ionenstärke könnte die Dicke der diffusen Doppelschicht verringert werden, so dass sich der Abstand zwischen den Cry3Bb1-Proteinen und der Tonmineraloberfläche verringert und die Proteine leichter an die Oberfläche der Bodenpartikel gelangen können. Bei gleicher Ionenstärke müsste dieser Effekt auch bei den einwertigen Kationen auftreten. Die Ionenstärke der Kalium- bzw. Natriumlösungen lag jedoch bei 0,4 bzw. 0,7 mmol $\cdot$ L^{-1}.

3.4 Desorption von Cry3Bb1

Die Reversibilität der Sorption von Cry3Bb1 von Bodenbestandteilen ist ein wichtiger Faktor für die Verlagerbarkeit dieses Proteins. Der Anteil des sorbierten Proteins, welcher leicht desorbiert werden kann, wird mit dem Sickerwasser in tiefere Bodenschichten verlagert. Durch mehrfache Sorptions- und Desorptionsvorgänge könnten die Cry3Bb1 Proteine verlagert werden, bei grundwassernahen Standorten möglicherweise bis zum Grundwasser.

Um die Reversibilität der Sorption zu überprüfen, wurde daher Wasser als Desorptionsmedium verwendet. Die Untersuchungen sind exemplarisch mit drei ausgewählten Proben (siehe Kap. 3.3.2) und der Probe D3, ebenfalls aus der Ton-Fraktion des Oberbodens, durchgeführt worden.

Das Cry3Bb1 Protein wurde bei allen vier Proben desorbiert. Dabei wurden in einem Desorptionsschritt zwischen 6,5 und 13,4 % der zuvor sorbierten Proteinmenge wieder von der Oberfläche der Bodenpartikel entfernt (Abb. 35). Bei den untersuchten Proben lagen die Desorptionspunkte jeweils oberhalb einer vereinfachten Isotherme (mit nur einem Sorptionspunkt) (Abb. 36). Aufgrund dieser deutlichen Hysterese muss davon ausgegangen werden, dass auch bei mehrmaliger Desorption ein Teil des Cry3Bb1 Proteins an die Probe gebunden bleibt und der Sorptionsvorgang nicht vollständig reversibel ist.

3 Ergebnisse und Diskussion

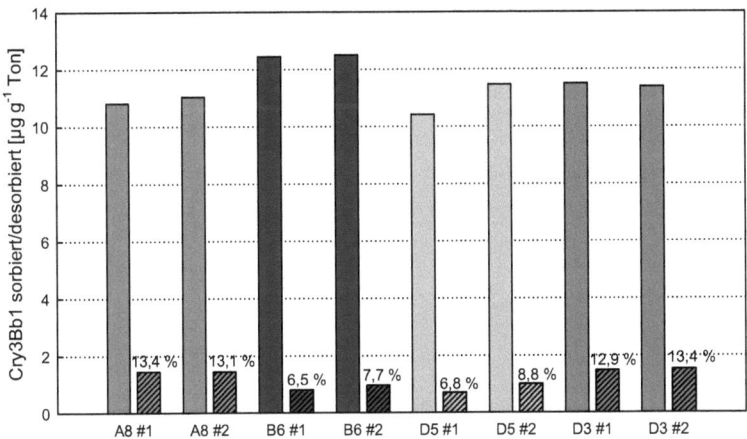

Abb. 35: Sorbierte und desorbierte (schraffiert) Cry3Bb1 Mengen bei ausgewählten Proben der Ton-Fraktion des Oberbodens. Desorption [%] bezogen auf 100 % Sorption

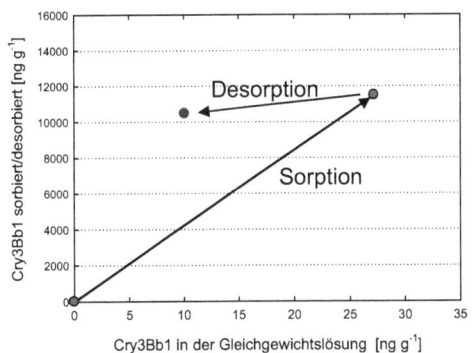

Abb. 36: Schema der Desorption und der Hysterese am Beispiel von Probe D5 der Ton-Fraktion

Zwischen den Verteilungskoeffizienten und den entsprechenden prozentualen desorbierten Cry3Bb1 Mengen ist kein Zusammenhang zu erkennen. Zwar tritt bei der durch ein k von 354 gekennzeichneten Probe A8 die stärkste und bei Probe B6 (k = 1085) die geringste prozentuale Desorption auf, jedoch zeigen die Proben D3 und D5 bei mittleren k-Werten sowohl hohe als auch geringe Desorptionswerte.

Es bleibt festzuhalten, dass die sorbierten Cry3Bb1-Mengen der vier untersuchten Proben trotz der sehr unterschiedlichen k-Werte in einem ähnlichen Bereich liegen.

Auch hier liegt wieder die Vermutung nahe, dass es bei der Sorption an die Proben der Ton-Fraktion verschiedene Wechselwirkungsmechanismen und damit unterschiedliche Sorptionsintensitäten gibt, die nicht nur zur Variation der k-Werte, sondern auch zu einem unterschiedlichen Desorptionsverhalten führen. Diese unterschiedlichen Bindungsmechanismen sind durch die heterogene Zusammensetzungen der Proben bedingt.

Aufgrund der geringen Datenbasis kann es keine eindeutigen und statistisch abgesicherten Aussagen zur Abhängigkeit der Desorption von den ausgewählten Bodenparametern geben.

Die hier ermittelten Werte für die Desorption des an die Ton-Fraktion sorbierten Cry3Bb1 Proteins stimmen mit den bisher veröffentlichen Werten für die Desorption von Cry-Proteinen weitgehend überein. TAPP et al. (1994) und STOTZKY (2000) konnten mit ein bis zwei Waschvorgängen (H_2O) 10 % des adsorbierten *B. thuringiensis* subsp. *kurstaki*-Proteins und 30 % des sorbierten Proteins von *B. thuringiensis* subsp. *tenebrionis* desorbieren. Weitere Waschvorgänge führten jedoch zu keiner weiteren Desorption der an Montmorillonit bzw. Kaolinit adsorbierten Cry-Proteine. Auch WANG et al. (2008) fanden für die Desorption von Cry1Ab (aus gentechnisch veränderten Reispflanzen), dass 10-30 % des an Tonminerale gebundenen Proteins mit Wasser desorbiert werden konnte. Bei den Untersuchungen von WANG et al. (2008) muss jedoch angemerkt werden, dass die vorausgegangenen Sorptionsversuche in Gegenwart von Phosphatpuffer durchgeführt wurden. Dies kann, wie schon erwähnt, die Sorption erhöhen und hat somit möglicherweise auch einen Einfluss auf die Desorbierbarkeit der Cry-Proteine.

3.5 Vergleich der Sorption von Cry3Bb1 und Cry1Ab

Da sich das Cry3Bb1 Protein vom Cry1Ab Protein in der Aminosäuresequenz und den Proteineigenschaften stark unterscheidet, muss auch von einem unterschiedlichen Sorptionsverhalten dieser Proteine ausgegangen werden. Zur Überprüfung dieser These wurde die Sorption dieser Proteine an die Proben A8, B6, und D5 der Ton-Fraktion aus dem Oberboden untersucht und die Verteilungskoeffizienten verglichen.

Die Isothermen der Sorption von Cry1Ab an Proben der Ton-Fraktion liegen im gleichen Bereich, die k-Werte unterscheiden sich mit 372 (A8), 390 (B6) und 412 (D5) nur geringfügig voneinander (siehe Abb. 37). Im Vergleich mit der Sorption von Cry1Ab zeigen die Proben B6 und D5 eine wesentlich höhere Affinität gegenüber dem Cry3Bb1 Protein. Bei der Probe A8 hingegen gibt es keinen Unterschied bei den Verteilungskoeffizienten für die Sorption von Cry3Bb1 und Cry1Ab.

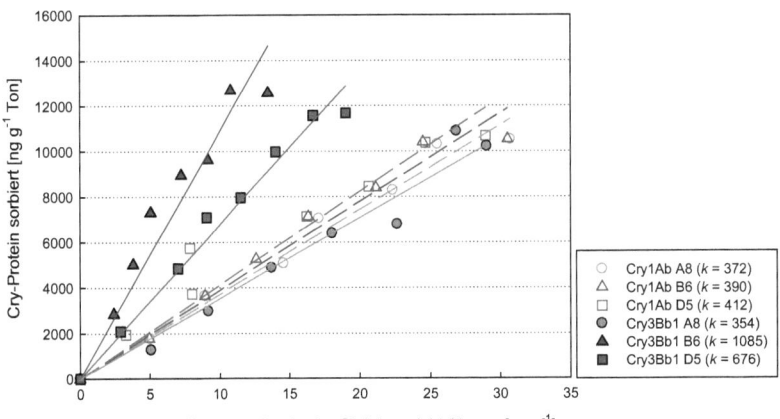

Abb. 37: **Sorption von Cry1Ab und Cry3Bb1 an die Proben A8, B6 und D5 der Ton-Fraktion des Oberbodens**

Dieses Ergebnis zeigt, dass die Sorption von Cry-Proteinen tendenziell von den Proteineigenschaften abhängt und weniger durch die Eigenschaften des Sorbenten bestimmt wird. Die hier verwendeten Cry-Proteine unterscheiden sich unter anderem durch ihren IEP. Dieser liegt bei Cry3Bb1, wie bereits erwähnt, im Bereich von 5,7-5,9, während der IEP des Cry1Ab Proteins nach VENKATESWERLU & STOTZKY (1992) im Bereich von 4,5-5,5 liegt. Im Sorptionsexperiment kommt es somit durch die unterschiedlichen pH-Werte der Proben zu Bedingungen, die die Sorption je nach IEP des Proteins beeinflussen.

Aufgrund der ähnlichen k-Werte und der geringen Datenmenge lassen sich hier für die Sorption von Cry1Ab an die Ton-Fraktion keine eindeutigen Abhängigkeiten von den Probeneigenschaften darstellen.

3.6 Zusammenhang zwischen den stofflichen Eigenschaften der Feinerde-Fraktion und der Sorption von Cry3Bb1

Um den Einfluss der Bodeneigenschaften der verschiedenen Proben auf das Sorptionsverhalten zu klären, werden im Folgenden die k-Werte in Abhängigkeit von ausgewählten Bodeneigenschaften dargestellt und die lineare Abhängigkeit zwischen den k-Werten und den Bodeneigenschaften, mit Hilfe des Pearsonschen Korrelationskoeffizienten r bestimmt. Zudem wurden multiple lineare Regressionen mit den unabhängigen Eigenschaften der Proben durchgeführt.

Da es keine generellen Unterschiede der Proben aus Ober- und Unterboden gibt (zum Beispiel durch unterschiedliche Behandlung des Versuchsfeldes oder unterschiedliche Ausgangsmaterialien der beiden untersuchten Tiefen) und auch die untersuchten Bodeneigenschaften keine eindeutigen Hinweise darauf geben, werden die Datensätze aus den beiden Tiefen zusammen auf mögliche Abhängigkeiten (von einzelnen Faktoren oder von mehreren Faktoren in Kombination (multiple Regression)) untersucht.
Mögliche Probleme durch die gemeinsame Betrachtung z.B. durch Scheinkorrelationen, werden bei den jeweiligen Parametern speziell erläutert.

Bei den Sorptionsexperimenten mit der Feinerde-Fraktion und der Größenfraktion < 63 µm fällt die Probe B2 aus dem Unterboden dieser Parzelle durch ihre sehr starke Sorption auf. Sie wird als Ausreißer eingestuft. Bei den bodenkundlichen Untersuchungen fiel diese Probe der Feinerde-Fraktion durch hohe Tongehalte auf, welche ansonsten nur in den durch Hochflutlehm gekennzeichneten Parzellen B8,

C8 und D8 am Hangfuß des Versuchsfeldes auftraten. Des Weiteren gab es im Vergleich mit den anderen Parzellen erhöhte Werte bei der spezifischen äußeren Oberfläche (Feinerde-Fraktion) und der spezifischen äußeren negativen Oberflächenladung (Größenfraktion < 63 µm). Diese müssen jedoch auf die hohen Tongehalte, die auch in der Probe der Größenfraktion < 63 µm vorhanden sind, zurückgeführt werden. Es liegt die Vermutung nahe, dass es sich bei dem beprobten Horizont dieser Parzelle um eine Tonlinse handelt.

Eine weitere Erklärung für das extreme Sorptionsverhalten könnte ein erhöhtes Vorkommen von 2-wertigen Kationen in diesen Proben sein, da diese Kationen die Sorption verstärken (vgl. Kap. 3.3.4).

Somit werden die Proben der Feinerde-Fraktion bzw. Größenfraktion < 63 µm der Parzelle B2 aus dem Unterboden bei den folgenden Betrachtungen als Ausreißer ausgeschlossen. Auch bei den Berechnungen der Regression werden diese Proben nicht berücksichtigt.

In den folgenden Abbildungen sind die k-Werte der Sorption von Cry3Bb1 an die Feinerde-Fraktion in Abhängigkeit von ausgewählten Bodeneigenschaften dargestellt. Für die im Folgenden beschriebenen Abhängigkeiten wird der Pearsonsche Korrelationskoeffizient für lineare Abhängigkeiten berechnet.

3 Ergebnisse und Diskussion

3.6.1 pH-Wert

Zwischen den pH-Werten (CaCl$_2$) der Feinerde-Fraktion und den Verteilungskoeffizienten gibt es keinen Zusammenhang (Abb. 38).

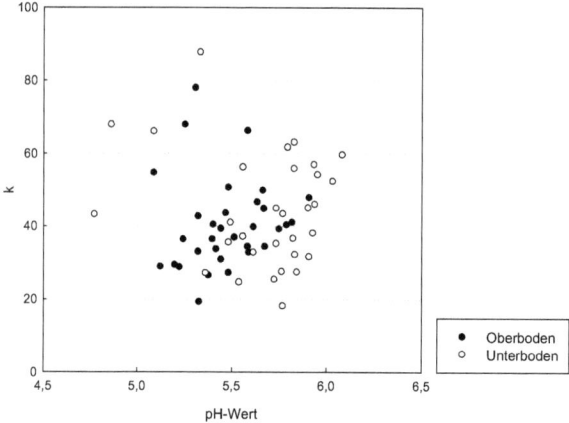

Abb. 38: **Abhängigkeit der *k*-Werte vom pH-Wert (CaCl$_2$) der Feinerde-Fraktion (ohne B2, Unterboden)**

Dies ist darauf zurückzuführen, dass sich während der Gleichgewichtseinstellung im Reaktionsgefäß, durch Zugabe der Lösungen zu den Proben der Feinerde-Fraktion und durch die Pufferwirkung der Probe, ein neuer pH-Wert einstellt. Somit ist der Ausgangs-pH der Probe für die Sorption in einer wässrigen Suspension nicht relevant.

3.6.2 Tongehalt

Die in Abbildung 39 erkennbare, schwache Abhängigkeit der Sorption vom Tongehalt der Proben ($r = 0{,}26$) basiert ausschließlich auf dem Datensatz des Unterbodens. Bei getrennter Betrachtung der Pearsonschen Korrelationskoeffizienten für Ober- und Unterboden zeigt sich dies besonders deutlich, da mit $r = 0{,}06$ für den Oberboden keine Abhängigkeit besteht.

3 Ergebnisse und Diskussion

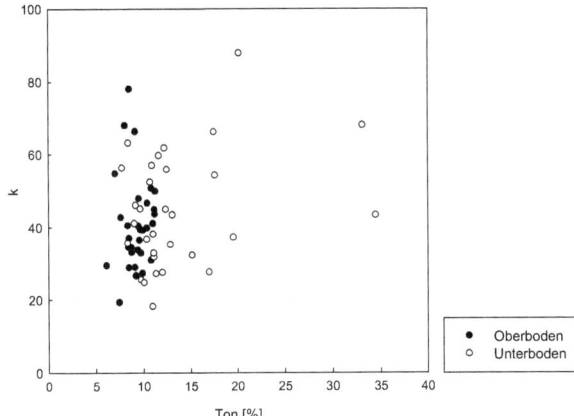

Abb. 39: Abhängigkeit der k-Werte vom Tongehalt der Feinerde-Fraktion (ohne B2, Unterboden)

3.6.3 Spezifische äußere Oberfläche und Kationenaustauschkapazität

Ein ähnliches Bild zeigt sich auch für die Abhängigkeit der Sorption von den mit dem Tongehalt korrelierten Parametern spezifische äußere Oberfläche (Abb. 40) und Kationenaustauschkapazität (Abb. 41). Während sich im Unterboden leichte Zusammenhänge zeigen (Oberfläche $r = 0{,}36$, KAK $r = 0{,}28$), gibt es im Oberboden zur Oberfläche keine ($r = 0{,}13$) bzw. bei der KAK sogar leicht gegenläufige ($r = -0{,}12$) Korrelationen, so dass in der gemeinsamen Betrachtung der beiden Tiefen nur gering positive Korrelationen auftreten (Tab. 5).

3 Ergebnisse und Diskussion

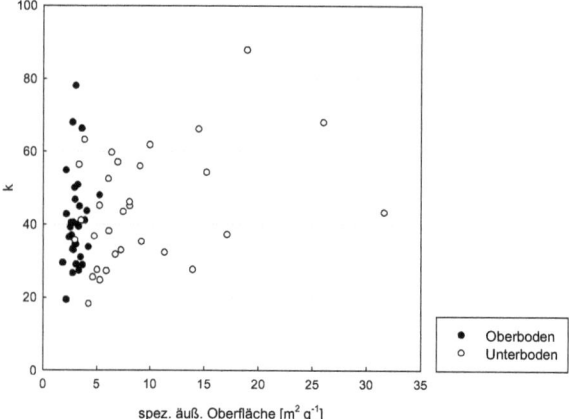

Abb. 40: Abhängigkeit der *k*-Werte von der spezifischen äußeren Oberfläche der Feinerde-Fraktion (ohne B2, Unterboden)

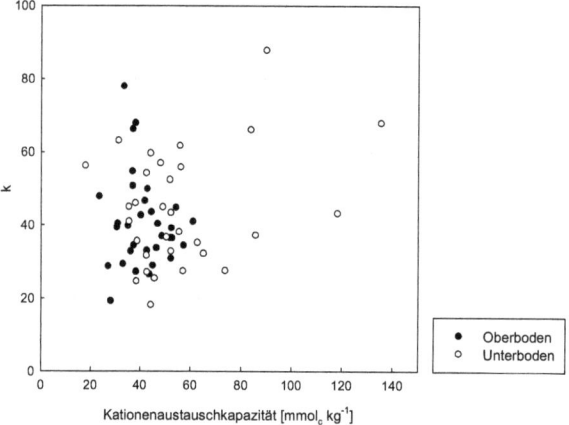

Abb. 41: Abhängigkeit der *k*-Werte von der Kationenaustauschkapazität der Feinerde-Fraktion (ohne B2, Unterboden)

Die ausschließlich im Unterboden vorkommenden leichten Korrelationen sind bei diesen miteinander korrelierten Parametern vermutlich alle auf die Größe der spezifischen äußeren Oberfläche zurückzuführen. Da den Proteinen mit Zunahme der äußeren Oberfläche mehr und unterschiedliche Bindungsplätze zur Verfügung stehen, kommt es hier auch bei einer relativ geringen Proteinkonzentrationen zu

3 Ergebnisse und Diskussion

einer Zunahme der Sorption. Die Daten aus dem Oberboden deuten jedoch an, dass es zusätzlich zu diesen Bodenparametern noch andere Faktoren geben muss, die im Oberboden die Sorption von Cry3Bb1 beeinflussen, da es in einem engen Schwankungsbereich der Bodeneigenschaften große Unterschiede der *k*-Werte gibt.

3.6.4 Gehalt an organischem Kohlenstoff

Aus Abbildung 42 ist ersichtlich, dass es zwischen der Sorption und dem Gehalt an organischem Kohlenstoff keine Zusammenhänge gibt. Es fällt jedoch auf, dass es eine vollständige räumliche Trennung der Datensätze aus Ober- und Unterboden gibt.

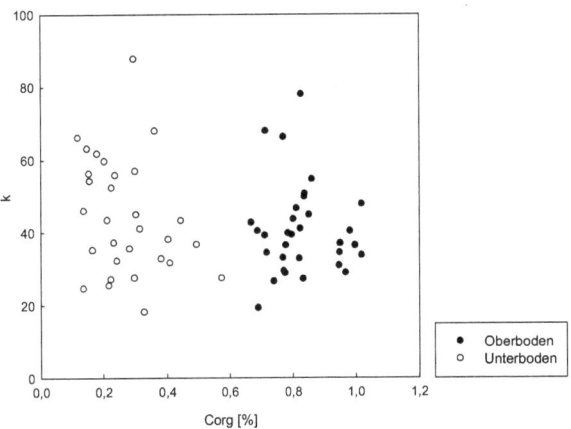

Abb. 42: Abhängigkeit der *k*-Werte vom C_{org}-Gehalt der Feinerde-Fraktion (ohne B2, Unterboden)

Diese Trennung ist wahrscheinlich durch die Beprobungstiefe von 0-20 cm bzw. 40-60 cm bedingt, da aus den Horizonten in 20-40 cm Tiefe keine Proben entnommen wurden. Aufgrund der natürlichen Abnahme der organischen Substanz mit zunehmender Tiefe lägen die Gehalte an C_{org} in diesen Horizonten vermutlich im Bereich zwischen Ober- und Unterboden. Die Sorption an Proben mit einem C_{org}-Gehalt zwischen den Gehalten von Ober- und Unterbodenproben wurde jedoch nicht untersucht.

3 Ergebnisse und Diskussion

3.6.5 Gehalt an Mn_o und Mn_d

Die Abhängigkeit der Sorption von den Manganoxidgehalten ist ungefähr gleich und mit $r = 0,20$ (Mn_o) (Abb. 43) und $r = 0,22$ (Mn_d) (nicht abgebildet) nur gering. Bei getrennter Betrachtung der Korrelationen von Ober- und Unterboden fällt mit einem r von 0,36 die stärkere Abhängigkeit der Sorption im Oberboden auf (Mn_d, $r = 0,40$).

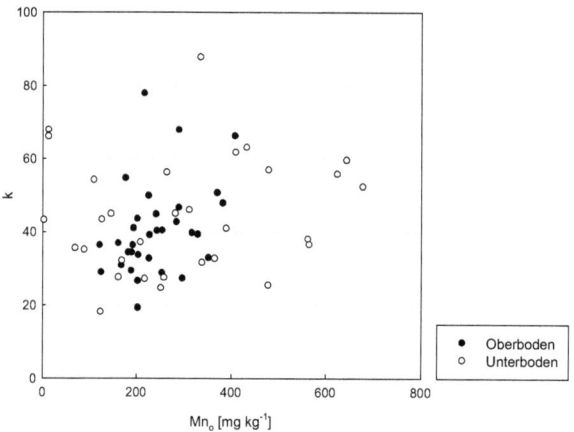

Abb. 43: **Abhängigkeit der k-Werte vom Mn_o-Gehalt der Feinerde-Fraktion (ohne B2, Unterboden)**

Zudem liegen die Gehalte an oxalatlöslichen und dithionitlöslichen Manganoxiden der Feinerde-Fraktion in einer ähnlichen Größenordnung (im Schwankungsbereich der Daten) und sind stark korreliert. Das Mangan liegt somit nur in der oxalatlöslichen Form vor, welche ebenso beim Dithionitaufschluss bestimmt wurde.

3 Ergebnisse und Diskussion

3.6.6 Gehalt an Fe$_o$

Beim Auftrag der k-Werte gegen die Gehalte an oxalatlöslichem Eisen zeigt sich eine Datenwolke und somit keine Abhängigkeit (Abb. 44). Dennoch ergibt sich im Unterboden mit $r = 0,53$ ein deutlicher Zusammenhang, der bei gemeinsamer Betrachtung noch zu einem r von 0,37 führt (Tab. 5).

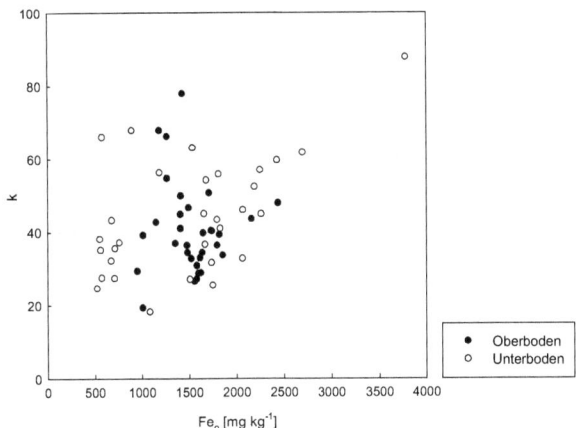

Abb. 44: Abhängigkeit der k-Werte vom Fe$_o$-Gehalt der Feinerde-Fraktion (ohne B2, Unterboden)

Bei Außerachtlassung des Fe$_o$-Wertes der Probe B8 des Unterbodens bei der Berechnung von r, ergibt sich ein Wert von $r = 0,36$ für den Unterboden und ein r von nur 0,21 für die gemeinsame Betrachtung der Datensätze.

3.6.7 Gehalt an Fe$_d$

Beim Gehalt an dithionitlöslichem Eisen zeigt sich mit $r = 0,34$ eine leichte, positive Korrelation, die im Bereich des Wertes der Korrelation mit Fe$_o$ liegt (Abb. 45). Dieser Zusammenhang ist wie schon beim Tongehalt auf den Einfluss der Unterbodenproben zurückzuführen, da hier mit einem Wert von $r = 0,41$ eine deutliche Abhängigkeit vorliegt, welche im Oberboden mit $r = 0,05$ vollkommen fehlt. Zudem sind Tongehalt und Fe$_d$ stark miteinander korreliert.

3 Ergebnisse und Diskussion

Bei Nichtbeachtung des Fe_d-Wertes der Probe B8 des Unterbodens bei der Berechnung von r ergibt sich mit einem r von 0,18 für den Unterboden und $r = 0,16$ für die gemeinsame Betrachtung der Datensätze kein Zusammenhang der Sorption mit den Fe_d-Gehalten.

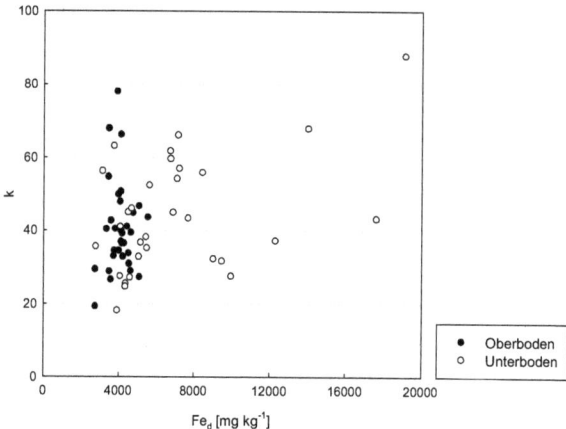

Abb. 45: Abhängigkeit der *k*-Werte vom Fe_d-Gehalt der Feinerde-Fraktion (ohne B2, Unterboden)

Obwohl die Eisenoxide/-hydroxide aufgrund ihrer großen Oberfläche potentiell viele Bindungsplätze für die Sorption bieten, bleibt eine deutliche Zunahme der Sorption bei höheren Fe_o- bzw. Fe_d-Gehalten aus. Die Korrelationen im Unterboden zeigen jedoch, dass ein Zusammenhang besteht, der im Oberboden nicht deutlich wird oder bei Fe_d durch eine geringere Streuung der Eisenoxid-/-hydroxidgehalte nicht gezeigt werden kann.

Die Abhängigkeit der Sorption von Cry3Bb1 von der negativen spezifischen äußeren Oberflächenladung der Feinerde-Fraktion kann hier nicht direkt dargestellt werden. Zur Bestimmung des Einflusses der Ladung auf die Sorption wurde auf die Größenfraktion < 63 µm zurückgegriffen. Grund hierfür sind messtechnische Erfordernisse.

Tab. 5: Pearsonsche Korrelationskoeffizienten* (*r*) für die Abhängigkeit des Verteilungskoeffizienten (*k*) von ausgewählten Eigenschaften der Feinerde-Fraktion (ohne Probe B2, Unterboden)

Tiefe	Tongehalt	KAK	C_{org}	Spez. äuß. Oberfläche	Fe_o	Fe_d	Mn_o	Mn_d
0-20 cm	0,06	-0,12	-0,05	0,13	-0,04	0,05	0,36	0,40
40-60 cm	0,29	0,28	-0,28	0,36	0,53	0,41	0,14	0,16
kombiniert	0,26	0,21	-0,19	0,31	0,37	0,34	0,20	0,22

*Der Pearsonsche Korrelationskoeffizient *r* ist ein Maß für die lineare Abhängigkeit zwischen zwei Datensätzen. Er ist ein dimensionsloser Index mit Werten von -1 bis 1.

3 Ergebnisse und Diskussion

3.7 Zusammenhang zwischen der negativen spezifischen Oberflächenladung der Größenfraktion < 63 µm und der Sorption von Cry3Bb1

Bei der Darstellung der k-Werte für die Sorption an die Größenfraktion < 63 µm gegen die negative spezifische äußere Oberflächenladung fällt, wie schon bei der Feinerde-Fraktion, die ungleiche Verteilung der Daten von Ober- und Unterboden auf. Während es im Oberboden mit einem $r = -0,22$ zu einer schwach negativen Korrelation kommt, sind die Zusammenhänge im Unterboden mit $r = 0,3$ im leicht positiven Bereich (Abb. 46). Bei gemeinsamer Betrachtung ergibt sich ein r von 0,24.

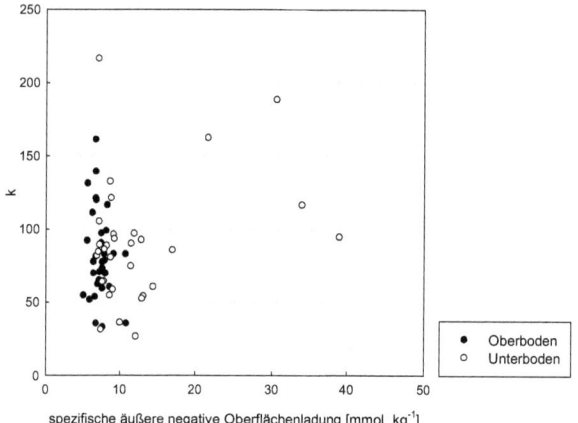

Abb. 46: Abhängigkeit der k-Werte von der negativen spezifischen äußeren Oberflächenladung für die Sorption von Cry3Bb1 an die Größenfraktion < 63 µm (ohne Probe B2, Unterboden)

Eine Veränderung der Stärke der Sorption von Cry3Bb1 mit zunehmender negativer spezifischer äußerer Oberflächenladung bleibt aus.
Möglicherweise kommt die Höhe der Oberflächenladung der Ton-Fraktion erst bei höheren Proteinkonzentrationen zum Tragen, wenn beispielsweise eine sehr geringe Oberflächenladung durch Sorption der Proteine teilweise abgesättigt wird. Eine höhere Proteinsorption wäre nur dann möglich, wenn eine höhere Ladung und damit mehr Sorptionsplätze zur Verfügung stünden. Ein solcher Effekt wäre bei den hier verwendeten Proteinkonzentrationen kaum zu beobachten.

Zudem scheint besonders im Oberboden mindestens ein weiterer Faktor die Sorption stark zu beeinflussen, da die k-Werte bei nur geringer Veränderung der Ladung (± 5 mmolc · kg^{-1}) von 33-161 stark variieren (Abb. 46).

3 Ergebnisse und Diskussion

3.8 Zusammenhang zwischen den stofflichen Eigenschaften der Ton-Fraktion und der Sorption von Cry3Bb1

In den Abbildungen 47 bis 54 sind die k-Werte der Sorption von Cry3Bb1 an die Ton-Fraktion in Abhängigkeit von den chemischen und physikalischen Eigenschaften der Ton-Fraktion dargestellt. Die im Folgenden beschriebenen Abhängigkeiten beziehen sich, wenn nicht anders vermerkt, auf lineare Regressionen.

In den beiden Abbildungen zeigt sich, dass die Streubereiche der Datensätze aus Ober- und Unterboden weitgehend voneinander getrennt sind. Diese Datensätze werden dennoch gemeinsam betrachtet, sofern nicht anders beschrieben (siehe Kap. 3.6), da die Proben jeweils aus den gleichen Parzellen stammen.

3.8.1 Spezifische äußere Oberfläche

Für die Abhängigkeit der Sorption von der spezifischen äußeren Oberfläche (Abb. 47) zeigt sich ein negativer Zusammenhang, mit einem r von -0,58. Dagegen sind die einzelnen Korrelationen mit $r = -0,29$ im Oberboden und $r = 0,18$ im Unterboden entgegengesetzt.

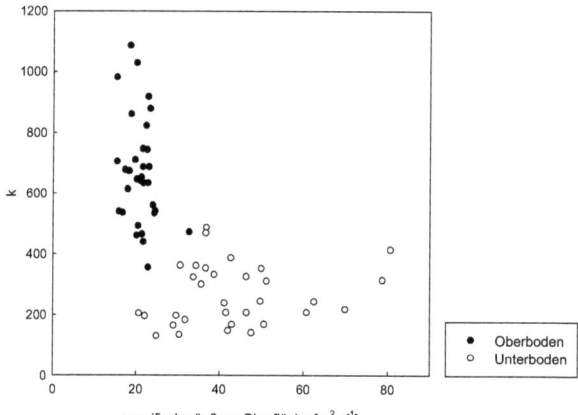

Abb. 47: Abhängigkeit der *k*-Werte von der spezifischen äußeren Oberfläche der Ton-Fraktion

Im hier verwendeten Konzentrationsbereich der Proteine ist die Größe der spezifischen äußeren Oberfläche für die Sorption kein limitierender Faktor, da der Sorptionskoeffizient von Cry3Bb1 bei Zunahme der spezifischen äußeren Oberfläche abnimmt. Es stehen ausreichend Sorptionsplätze zur Verfügung, da es auch schon bei geringen Oberflächen von ca. 15-20 $m^2 \cdot g^{-1}$ zu k-Werten von mehr als 1000 kommt. Die Höhe der Sorption wird durch andere Faktoren stärker beeinflusst.

3.8.2 Spezifische äußere negative Oberflächenladung

Bei der spezifischen äußeren negativen Oberflächenladung zeigt sich in Abbildung 48 eine deutliche Abhängigkeit, die durch den Pearsonschen Korrelationskoeffizient von -0,51 bestätigt wird. Diese Abnahme des Verteilungskoeffizienten bei Zunahme der Oberflächenladung zeigt sich jedoch nur bei gemeinsamer Betrachtung der Daten aus Ober- und Unterboden (Tab. 6).

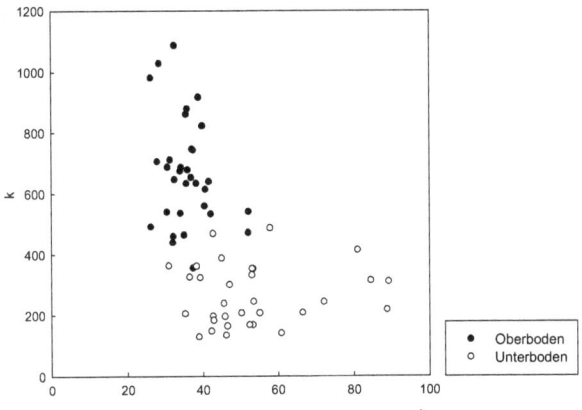

Abb. 48: Abhängigkeit der k-Werte von der spezifischen äußeren negativen Oberflächenladung der Ton-Fraktion

Bei einer negativ geladenen Oberfläche des Proteins, welche oberhalb des isoelektrischen Punkts des Proteins vorliegt, kommt es zu einer Abstoßung zwischen Tonmineraloberfläche und Protein, welche die Sorption hemmt. Eine Sorption wäre in diesem Fall über Brückenkationen möglich, welche in diesem Versuchsansatz jedoch nicht zugegeben wurden. Die Kationenkonzentration in der Suspension ist allerdings

3 Ergebnisse und Diskussion

geringer als in einer Bodenlösung, da die Sorptionsexperimente in wässriger Suspension durchgeführt wurden.

3.8.3 Äußere negative Oberflächenladungsdichte

In Abbildung 49 sind die k-Werte gegen die Dichte der negativen Oberflächenladung aufgetragen. Hier zeigt sich im Gegensatz zu Oberfläche und Oberflächenladung ein positiver Zusammenhang ($r = 0{,}51$).

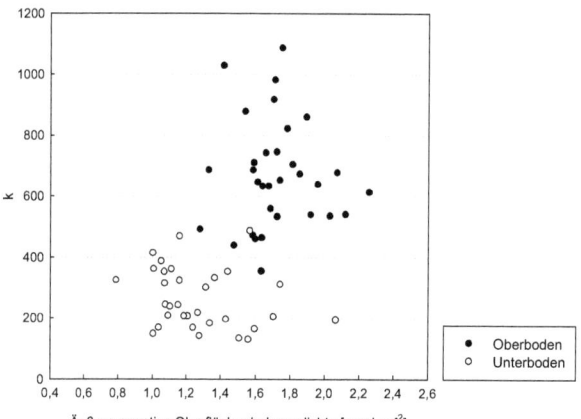

Abb. 49: Abhängigkeit der k-Werte von der äußeren negativen Oberflächenladungsdichte der Ton-Fraktion

Bei zunehmender Dichte der negativen Ladung der Tonmineraloberfläche nehmen die k-Werte zu. Diese Korrelation lässt sich erklären, wenn von einem pH-Bereich unterhalb des IEP des Proteins ausgegangen wird, da die Proteinoberfläche dann positiv geladen ist. Unter diesen Voraussetzungen wäre eine Zunahme der Sorption mit steigender negativer Oberflächenladungsdichte möglich.

Die negativ geladene Oberfläche der Tonminerale ist jedoch mit Kationen belegt und die Ladung somit ausgeglichen. Wenn von einem pH-Wert unterhalb des IEP des Proteins ausgegangen wird, wie schon bei der Erklärung des Einflusses der Oberflächenladung, erklärt sich dieser Zusammenhang durch die Wirkung der Kationen als Brückenkation zwischen Tonmineraloberfläche und den Cry-Proteinen.

3 Ergebnisse und Diskussion

3.8.4 Kationenaustauschkapazität

Zwischen der Kationenaustauschkapazität und den k-Werten gibt es keinen erkennbaren Zusammenhang (Abb. 50).

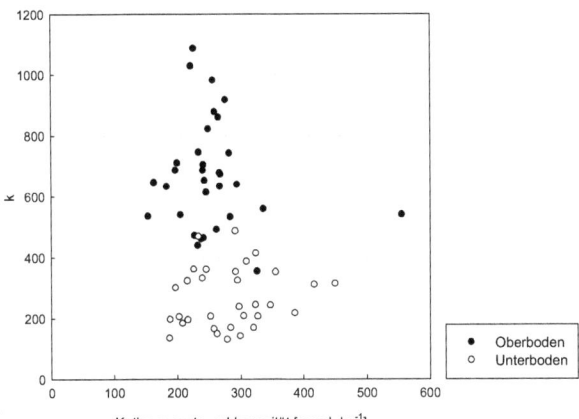

Abb. 50: Abhängigkeit der k-Werte von der Kationenaustauschkapazität der Ton-Fraktion

3.8.5 Gehalt an organischem Kohlenstoff

Abbildung 51 zeigt, dass es eine vollständige Trennung der Datensätze von Ober- und Unterboden gibt (vgl. Kap. 3.3.1.3). Diese ist wie bei der Feinerde-Fraktion durch die verschiedenen Beprobungstiefen zu erklären, die durch unterschiedliche C_{org}-Gehalte gekennzeichnet waren.

3 Ergebnisse und Diskussion

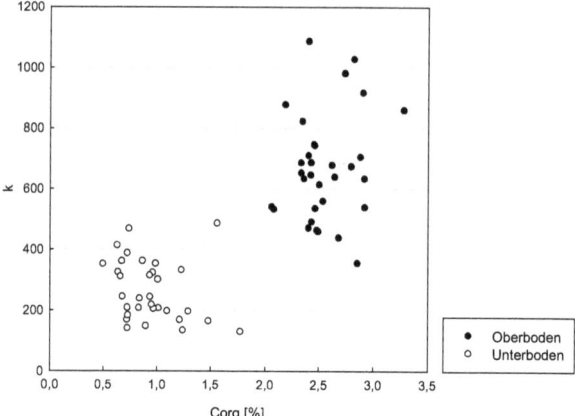

Abb. 51: Abhängigkeit der *k*-Werte von den C_{org}-Gehalten der Ton-Fraktion

Im Gegensatz zur Feinerde-Fraktion fällt jedoch auf, dass es einen deutlichen positiven Zusammenhang zwischen dem Gehalt an organischem Kohlenstoff und der Sorption von Cry3Bb1 an die Ton-Fraktion gibt, der auch durch den Pearsonschen Korrelationskoeffizienten *r* von 0,77 bestätigt wird.

Bei Betrachtung der beiden Datensätze fällt allerdings auf, dass die Zusammenhänge bei den Tiefen gegenläufig sind (siehe Tab. 6).

3.8.6 Gehalt an Mn_o und Mn_d

Die stärkste Abhängigkeit der Sorption nach den C_{org}-Gehalten, scheint gegenüber dem Gehalt an Manganoxiden/-hydroxiden zu bestehen. Sowohl die Datensätze aus Ober- und Unterboden, als auch der gemeinsame Datensatz sind positiv mit den *k*-Werten korreliert (*r* = 0,72) (Abb. 52).

Da sich die Gehalte an Mn_o und Mn_d kaum unterscheiden, wird hier nur die Korrelation der *k*-Werte mit den Mn_o-Gehalten dargestellt (siehe Kap. 3.2.8).

3 Ergebnisse und Diskussion

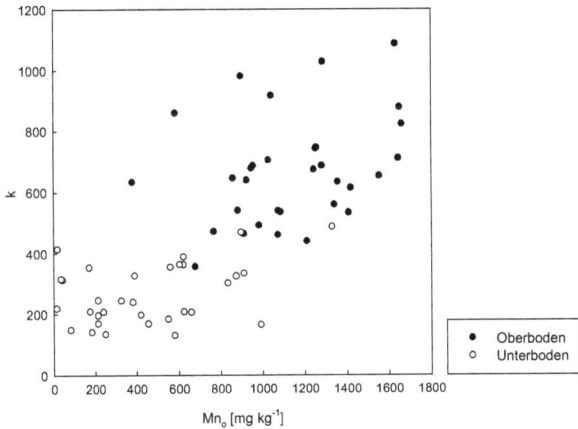

Abb. 52: Abhängigkeit der k-Werte von den Mn_o-Gehalten der Ton-Fraktion

3.8.7 Gehalt an Fe_o

In Abbildung 53 zeigt sich eine relativ deutliche Korrelation der k-Werte mit dem Gehalt an oxalatlöslichem Eisen. Dies wird auch durch den Pearsonschen Korrelationskoeffizienten von $r = 0{,}63$ bestätigt.

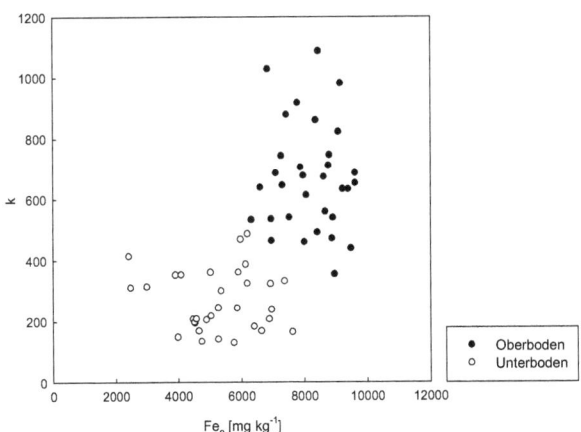

Abb. 53: Abhängigkeit der k-Werte von den Fe_o-Gehalten der Ton-Fraktion

85

3.8.8 Gehalt an Fe_d

Im Gegensatz zu den Zusammenhängen von k und Fe_o gibt es bei Fe_d mit einem r von -0,19 keinen klar erkennbaren Zusammenhang zur Sorption (Abb. 54).

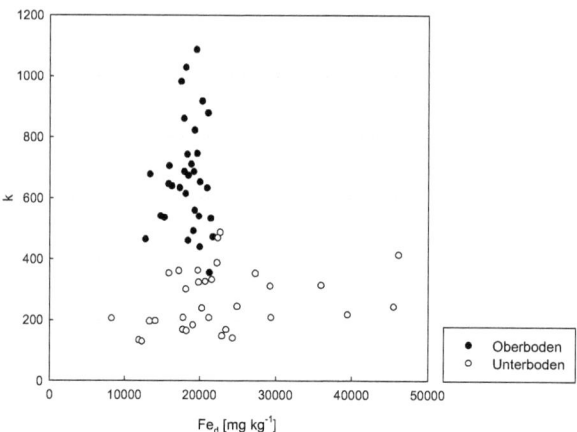

Abb. 54: Abhängigkeit der k-Werte von den Fe_d-Gehalten der Ton-Fraktion

Besonders im Oberboden ist die Sorption sehr stark von anderen Faktoren überlagert, dass ein Einfluss des Fe_d-Gehaltes nicht sichtbar wird.

Tab. 6: Pearsonsche Korrelationskoeffizienten (r) für die Abhängigkeit des Verteilungskoeffizienten (k) von ausgewählten Eigenschaften der Ton-Fraktion

Tiefe	KAK	C_{org}	Neg. spez. äuß. Oberflächen-ladung	Spez. äuß. Oberfläche	Spez. äuß. neg. Oberfl.-ladungs-dichte	Fe_o	Fe_d	Mn_o	Mn_d
0-20 cm	-0,15	0,16	-0,28	-0,29	-0,02	-0,05	0,03	0,32	0,32
40-60 cm	0,14	-0,25	0,09	0,18	-0,24	-0,07	0,27	0,38	0,42
kombiniert	-0,20	0,77	-0,51	-0,58	0,51	0,63	-0,19	0,72	0,71

3.8.9 Mineralische Zusammensetzung der Ton-Fraktion

Aufgrund der geringen Aussagekraft der Ergebnisse aus der Bestimmung der mineralogischen Zusammensetzung der Ton-Fraktion erscheint es wenig sinnvoll, einen Zusammenhang zwischen diesen Parametern und den Verteilungskoeffizienten für die Sorption des Cry3Bb1 Proteins an die Ton-Fraktion herzustellen.

3.8.10 Zusammenhang zwischen den stofflichen Eigenschaften und den k_C-Werten

In Kapitel 3.8.5 wurde gezeigt, dass der Gehalt an organischem Kohlenstoff den größten Einfluss auf die Stärke der Sorption von Cry3Bb1 hat. Um den Einfluss der übrigen Eigenschaften der Ton-Fraktion auf die Sorption differenzieren zu können, wird im Folgenden davon ausgegangen, dass die k-Werte in direkter Beziehung mit dem C_{org}-Gehalt stehen. Unter dieser Annahme werden die k-Werte durch den Gehalt an organischem Kohlenstoff geteilt und somit auf einen einheitlichen C_{org}-Wert normiert.

$$\frac{k}{C_{org}} = k_C \qquad (4)$$

Die lineare Regression dieses k_C-Wertes mit den Eigenschaften der Ton-Fraktion ermöglicht eine Einschätzung des Einflusses der untersuchten Eigenschaften auf die Sorption.

In den folgenden Abbildungen sind diese k_C-Werte in Abhängigkeit von den Eigenschaften der Ton-Fraktion dargestellt. Im Vergleich zu den dargestellten Zusammenhängen zwischen den k-Werten und den Eigenschaften der Ton-Fraktion (Abb. 55 bis 60) fällt auf, dass die Daten aus Oberboden und Unterboden hier nicht voneinander getrennt vorliegen. Die Trennung der Datensätze aus Ober- und Unterboden, die sich in den Abbildungen deutlich zeigte, ist somit hauptsächlich durch die unterschiedlichen C_{org}-Gehalte bedingt.

3 Ergebnisse und Diskussion

Die folgenden Abbildungen zeigen, dass der Gehalt an organischem Kohlenstoff die geringen Zusammenhänge zwischen dem Verteilungskoeffizienten und den Probeneigenschaften überlagert hat. Es zeigt sich mit einem r von 0,34 eine leichte Abhängigkeit der Sorption von der Größe der spezifischen äußeren Oberfläche (Abb. 55).

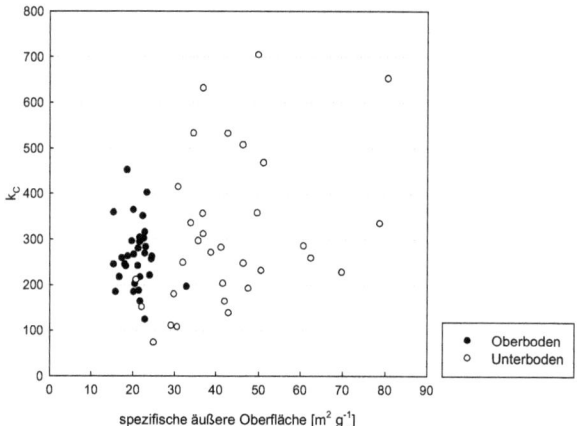

Abb. 55: Abhängigkeit der k_C-Werte von der spezifischen äußeren Oberfläche der Ton-Fraktion

Der Einfluss der spezifischen äußeren Oberflächenladung ist mit $r = 0,18$ zu vernachlässigen (Abb. 56), während es einen leichten Zusammenhang zwischen der Dichte der äußeren negativen Ladung und den k_C-Werten gibt ($r = -0,38$) (Abb. 57).

3 Ergebnisse und Diskussion

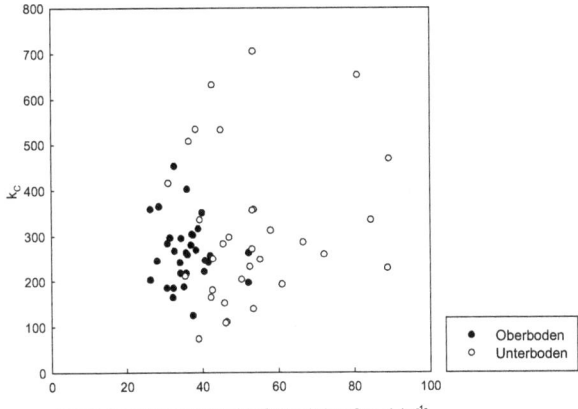

Abb. 56: Abhängigkeit der k_C-Werte von der spezifischen äußeren negativen Oberflächenladung der Ton-Fraktion

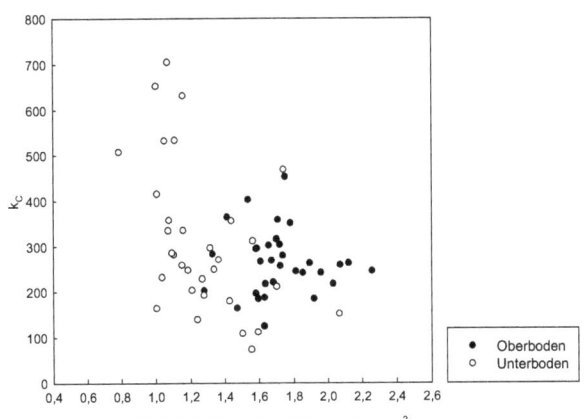

Abb. 57: Abhängigkeit der k_C-Werte von der äußeren negativen Oberflächenladungsdichte der Ton-Fraktion

3 Ergebnisse und Diskussion

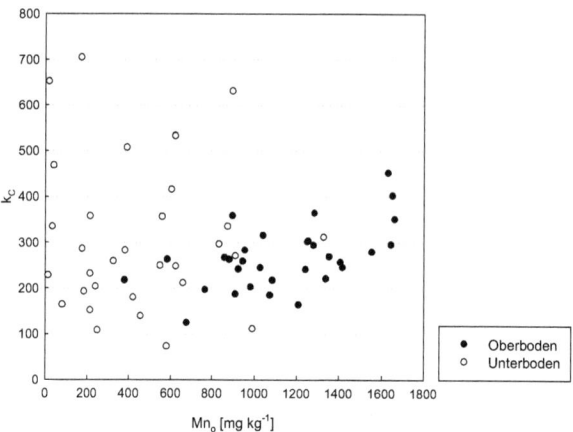

Abb. 58: Abhängigkeit der k_C-Werte vom Mn_o-Gehalt der Ton-Fraktion

Der starke Einfluss der Mn_o-Gehalte auf die k-Werte zeigt sich hier nicht mehr. Mit einem r von -0,05 gibt es keinen Zusammenhang zwischen den k_C-Werten und den Gehalten an Mn_o (Abb. 58).

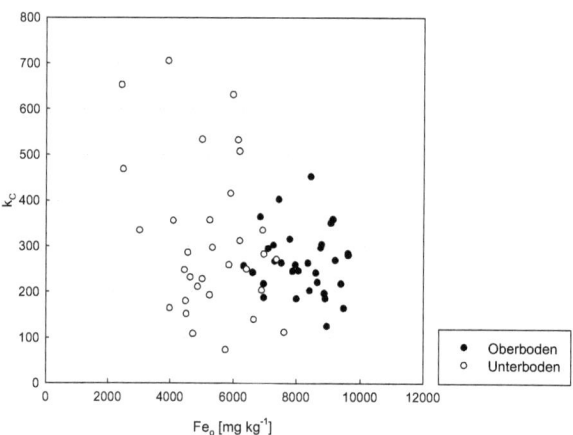

Abb. 59: Abhängigkeit der k_C-Werte vom Fe_o-Gehalt der Ton-Fraktion

3 Ergebnisse und Diskussion

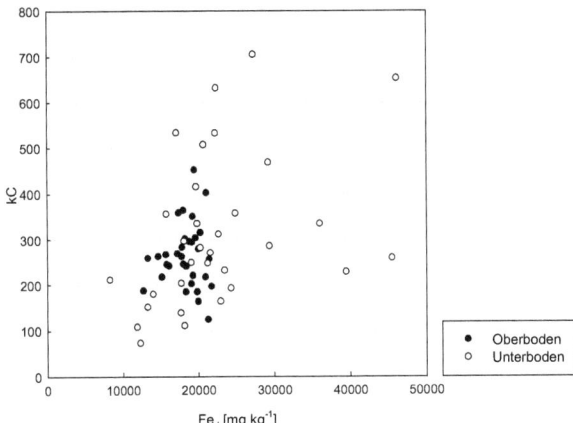

Abb. 60: Abhängigkeit der k_C-Werte vom Fe_d-Gehalt der Ton-Fraktion

Bei den Gehalten an Eisenoxiden/-hydroxiden gibt es gegenläufige Zusammenhänge mit den k_C-Werten. Während die Fe_o-Gehalte einen leichten Einfluss auf die k_C-Werte haben (r = -0,3) (Abb. 59), gibt es eine geringfügig stärkere Korrelation mit den Fe_d-Gehalten mit einem r von 0,38 (Abb. 60).

Die im Gegensatz zu den Zusammenhängen mit den Verteilungskoeffizienten k wesentlich geringeren Abhängigkeiten des k_C-Wertes von den Fe_o- und Mn_o-Gehalten (Tab. 7) deuten darauf hin, dass diese Parameter eng mit der organischen Substanz verbunden sind. Es zeigt sich bei der Ton-Fraktion auch eine relativ starke lineare Korrelation zwischen dem Gehalt an organischem Kohlenstoff und den Fe_o- bzw. Mn_o-Gehalten (Tab. 3). Es ist daher denkbar, dass die oxalatlöslichen Eisen- bzw. Manganoxide/-hydroxide in den untersuchten Böden hauptsächlich in einer an die organische Substanz gebundenen Form vorliegen.

Tab. 7: Pearsonsche Korrelationskoeffizienten (r) für die Abhängigkeit des Verteilungskoeffizienten (k_C) von ausgewählten Eigenschaften der Ton-Fraktion

KAK	Neg. spez. äuß. Oberflächenladung	Spez. äuß. Oberfläche	Spez. äuß. neg. Oberflächenladungsdichte	Feo	Fed	Mno	Mnd
0,19	0,18	0,34	-0,38	-0,30	0,38	-0,05	-0,02

3.8.11 Multiple lineare Regression der k-Werte mit den stofflichen Eigenschaften der Ton-Fraktion

Zur Überprüfung der Annahme, dass der Gehalt an organischem Kohlenstoff den stärksten Einfluss auf die Sorption hat, wurden zusätzlich multiple lineare Regressionen durchgeführt. Hierfür wurden die Datensätze aus Ober- und Unterboden in einem Datensatz zusammengefasst.

Hierbei muss beachtet werden, dass für diese Berechnungen nur voneinander unabhängige Parameter kombiniert werden, da es bei Verwendung von Parametern, die sich gegenseitig beeinflussen, zu einer Art Scheinverbesserung der Korrelationen kommen kann.

Es hat sich gezeigt, dass relativ viele der hier bestimmten Parameter miteinander korreliert sind. Somit bleiben nur wenige Faktoren für die multiple lineare Regression (Tab. 3).

Der Einfluss des organischen Kohlenstoffes auf die Sorption liegt bei Kombination mit dem Fe_d-Gehalt bei $R^2 = 0,62$.

Bei Kombination der Faktoren C_{org}, spezifischer äußerer Oberflächenladung und Fe_d-Gehalt erhöht sich R^2 auf 0,65. Bei keiner anderen Kombination der unabhängigen Eigenschaften gibt es eine derart enge Korrelation mit den k-Werten (Tab. 8).

Tab. 8: R^2 für die multiple lineare Regression der *k*-Werte mit den unabhängigen Eigenschaften der Ton-Fraktion

k-Wert vs.	Fe_o	Fe_d	Mn_o	Mn_d	C_{org}
C_{org} +	X	0,62	X	X	X
C_{org} + Spezifische äußere negative Oberflächenladung +	X	0,65	X	X	X
C_{org} + KAK +	X	0,62	X	X	X
Spezifische äußere Oberfläche +	X	0,57	0,53	0,51	X
KAK +	0,40	0,05	0,53	0,50	0,60
Fe_d	X	X	0,53	0,51	X

X = abhängige Eigenschaften

Durch die Betrachtung der multiplen linearen Regression des *k*-Wertes mit einem oder zwei unabhängigen Parametern lässt sich eine Gewichtung des Einflusses der Faktoren aufstellen.

Der Einfluss der Eigenschaften der Ton-Fraktion auf die Sorption nimmt in folgender Reihenfolge ab:

C_{org}-Gehalt > spezifische äußere Oberfläche > Kationenaustauschkapazität.

Eine Gewichtung der Einflüsse der spezifischen äußeren negativen Oberflächenladung und der Gehalte an Fe_o, Fe_d und Mn_o bzw. Mn_d lässt sich nicht eindeutig vornehmen. Dies ist sicherlich auch auf die Abhängigkeit dieser Faktoren untereinander zurückzuführen.

3 Ergebnisse und Diskussion

3.9 Perkolationsexperimente

3.9.1 Tastversuche

Zur Klärung der Versuchseinstellungen für die Perkolationsversuche mit Cry3Bb1 wurden Tastversuche mit Rinderserumalbumin (BSA) durchgeführt. BSA wurde als Modellsubstanz ausgewählt, da es gut verfügbar, einfach zu bestimmen und preiswert ist. Mit einem Molekülgewicht von 67 kDa liegt es im Bereich des Molekülgewichts des Cry3Bb1 Proteins (77 kDa). Als Säulenfüllung wurde Quarzsand mit einer spezifischen äußeren Oberfläche von 0,08 $m^2 \cdot g^{-1}$ verwendet. Zur Bestimmung des Durchbruchszeitpunktes wurde der BSA-Lösung (5 mg $\cdot mL^{-1}$) Kaliumchlorid (4 mmol $\cdot L^{-1}$) als konservativer Tracer zugesetzt. In Abbildung 61 sind die Durchbruchskurven von BSA und KCl dargestellt. Es ist gut zu erkennen, dass es nach ca. einem Porenvolumen zu einem Durchbruch von BSA Lösung und Tracer kommt.

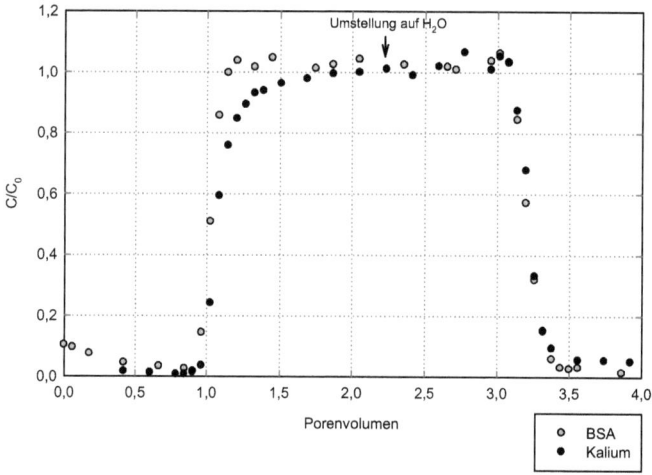

Abb. 61: Normierte BSA- und Kalium-Gehalte in den Eluaten, (Säulenpackung Quarzsand)

Nach Klärung der Versuchseinstellungen wurde in Perkolationsexperimenten, mit Feinerde-Fraktion aus dem Oberboden von Profil 1, die geringste, wirksame Konzentration der Natriumazidlösung bestimmt. Eine NaN_3-Konzentration von

2 mmol · L^{-1} hat sich als geeignet gezeigt, das Bakterienwachstum während der Perkolation zu unterdrücken. Zudem zeigte diese NaN$_3$-Konzentration im Experiment keinen Einfluss auf die Sorption von Cry3Bb1.

3.9.2 Kurzzeitperkolation

Mit den im Vorversuch (Kap. 3.9.1) ermittelten Einstellungen wurde die Verlagerbarkeit des Cry3Bb1 Proteins untersucht. In den Perkolationsexperimenten wurde ein hohes Fördervolumen (2 ml · h^{-1}) verwendet, um die Kontaktzeit zwischen Cry-Protein und Bodenpartikel zu verringern und somit ein „worst-case" Szenario darzustellen.
Aufgrund der hohen Affinität der Proben der Feinerde-Fraktion musste zudem mit einer starken Sorption des Cry-Proteins an die Probe der Feinerde-Fraktion gerechnet werden mit der Folge, dass im Eluat kaum Cry3Bb1 nachzuweisen wäre. Aus diesem Grund wurde eine Cry3Bb1 Konzentration in der Perkolationslösung von 1 µg · mL^{-1} eingesetzt. Eine weitere Erhöhung der Cry-Proteinkonzentration war aufgrund der begrenzten Verfügbarkeit und des hohen Preises des Cry3Bb1 Proteins nicht möglich.

In Abbildung 62 sind die Durchbruchskurven für die Perkolation einer Cry3Bb1 Lösung mit einer Konzentration von 1 µg · ml^{-1} dargestellt. Es ist deutlich zu erkennen, dass es zu einem Beginn des Durchbruchs der Proteinlösung vor einem Porenvolumen kam. Die Proteinkonzentration im Eluat stieg bei Versuchsansatz 1 kurzzeitig auf bis zu ca. 9 ng · mL^{-1} an, fiel jedoch im Versuchsverlauf auf eine Konzentration ca. 4 ng · mL^{-1} ab. Nach 2,5 Porenvolumen lagen die Cry3Bb1 Konzentrationen bei beiden Versuchsansätzen im Bereich von ca. 4 ng · mL^{-1}. Dies entspricht 0,4 % der Ausgangskonzentration (Abb. 62).

3 Ergebnisse und Diskussion

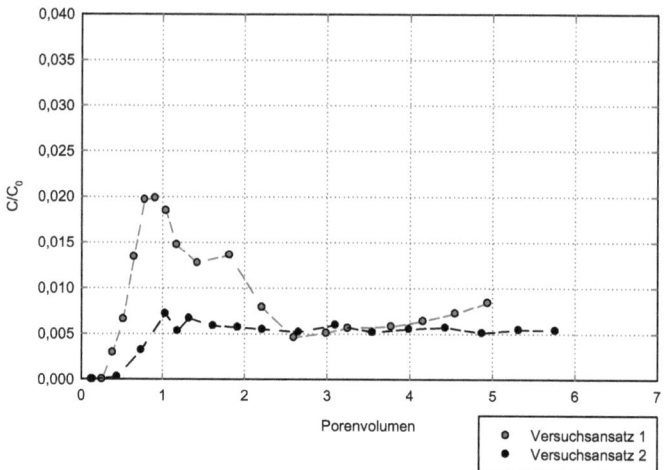

Abb. 62: Normierte Cry3Bb1-Gehalte in den Eluaten bei Perkolation von 1 µg · mL^{-1} Cry3Bb1 bei zwei Versuchsansätzen (Säulenpackung Feinerde-Fraktion, Profil 1, Oberboden)

3.9.3 Langzeitperkolation

Im Versuchsansatz 1 deutete sich eine Zunahme der Cry-Proteinkonzentration in den Eluaten zum Ende des beobachteten Zeitraums an. Zur Untersuchung dieser Beobachtung wurde die Verlagerung von Cry3Bb1 über längere Perkolationszeiträume und mehrere Porenvolumina untersucht. In Abbildung 63 sind die normierten Konzentrationen von Cry3Bb1 in den Eluaten für zwei Versuchsansätze dargestellt. Bei Versuchsansatz 3 wird relativ schnell ein Konzentrationsbereich von 4 bis 5 ng · mL^{-1} Cry3Bb1 im Eluat erreicht. Dagegen ergibt sich bei Ansatz 4 nur eine geringe Cry3Bb1 Konzentration von ca. 1 ng · mL^{-1} in den Eluaten.

Auffällig sind bei den Versuchsansätzen 3 und 4 die stark erhöhten Cry3Bb1 Konzentrationen in den Eluaten kurz nach dem Wechsel der Perkolationslösungen. Diese Störungen sind möglicherweise auf die kurzzeitige Flussunterbrechung (< 1 min) beim Wechsel der Perkolationslösungen zurückzuführen. Direkt nach der Störung entsprechen die Cry-Proteinkonzentrationen in den Eluaten wieder den vorher bestimmten.

Das Bakterienwachstum konnte durch die Verwendung von Natriumazid weitgehend unterdrückt werden. Die Versuchsansätze waren jedoch nicht steril. Mit einem mikrobiellen Abbau des Cry-Proteins muss dennoch bei den verwendeten Cry3Bb1 Konzentrationen und in den hier beobachteten Zeiträumen nicht gerechnet werden.

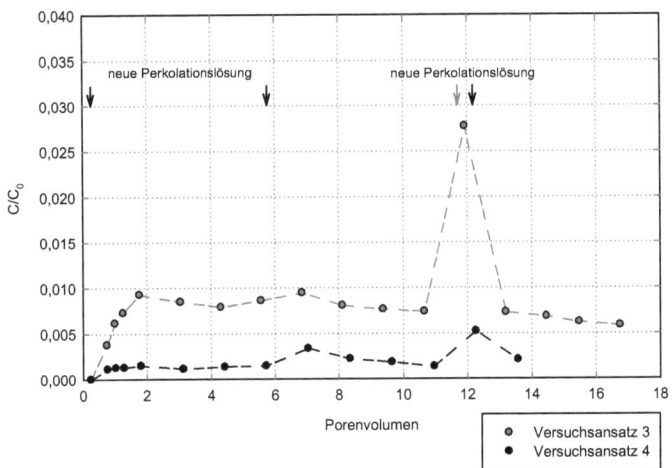

Abb. 63: Normierte Cry3Bb1-Gehalte in den Eluaten, bei Perkolation von 1 µg · mL^{-1} Cry3Bb1 bei einer Versuchsdauer von 66 h (Ansatz 3) bzw. 52 h (Ansatz 4) (Säulenpackung Feinerde-Fraktion, Profil 1, Oberboden). Die Pfeile markieren die Wechsel der Perkolationslösungen

Der frühe Durchbruchszeitpunkt bei den Perkolationsexperimenten muss auf das hohe Durchflussvolumen von 2 ml · h^{-1} zurückgeführt werden. Besonders die Ausbildung von präferentiellen Fließwegen innerhalb der Säulen kann in diesen Versuchsansätzen nicht ausgeschlossen werden.

Bei den Porenvolumina ergibt sich eine minimale Kontaktzeit zwischen Cry-Proteinlösung und Säulenpackung von ca. 4 Stunden. Daher ist auch bei einem schnellen Durchfluss der Proteinlösung durch die Säule, bei den vorhandenen hohen Affinitäten der Feinerde-Fraktion zu Cry3Bb1, eine hohe Sorption an die Bodenpartikel gegeben. Dieses führt zu den in den Eluaten bestimmten geringen Cry3Bb1 Konzentrationen von maximal 0,05 %.

Zusammenfassend kann gesagt werden, dass das Cry3Bb1 Protein in den Proben der Feinerde-Fraktion verlagert werden kann, jedoch in nur sehr geringen

Konzentrationen. Unter Berücksichtigung der sehr hohen Ausgangskonzentration der Cry3Bb1-Lösung muss gesagt werden, dass es bei Verwendung von anbaurelevanten Konzentrationen vermutlich nicht zu nachweisbaren Cry3Bb1-Konzentrationen im Eluat gekommen wäre.

Im Gegensatz zu diesen Ergebnissen zeigten SAXENA et al. (2002b) und STOTZKY (2004) durch Säulenversuche, dass das auf die Bodenprobe gegebene Cry1Ab-Protein, mit zugegebenem Wasser, durch die Säule transportiert wurde, aber das Cry-Protein in den Eluaten nach 12 bzw. 24 Stunden nicht mehr nachweisbar war. Sie führten dies auf eine geringe Desorption, in Abhängigkeit vom Tongehalt der Bodenprobe, zurück.

3.10 Zusammenfassende Diskussion

In dieser Arbeit wurde untersucht, welche stofflichen Parameter der Böden die sorptiven Prozesse des Cry3Bb1 Proteins beeinflussen.
Es stellte sich bei den Untersuchungen heraus, dass die stärkste Korrelation zwischen den Verteilungskoeffizienten und dem Gehalt an organischem Kohlenstoff der Tonfraktion besteht.

Dieses Ergebnis deckt sich mit den Erkenntnissen für die Sorption von Prion-Proteinen an Bodenpartikel. PUCCI et al. (2008) weisen darauf hin, dass die Sorption von Prionen stark von der organischen Fraktion der Böden beeinflusst wird.

Dieser Zusammenhang zwischen dem organischen Kohlenstoff und den Verteilungskoeffizienten konnte jedoch bei der Feinerde-Fraktion in den hier dargestellten Untersuchungen nicht beobachtet werden.
Zudem war es auch nicht möglich, mit Hilfe des k-Wertes der Tonfraktion auf die k-Werte der Feinerde (und somit des Gesamtbodens) zu schließen. Dies zeigt sich auch daran, dass der Verteilungskoeffizient der Feinerde-Fraktion nicht mit dem Tongehalt der Feinerde-Fraktion korreliert.

Weiterhin zeigt sich, dass es keine Korrelation zwischen dem Gehalt an organischem Kohlenstoff, der Feinerde-Fraktion und den k-Werten gibt. Es kann vermutet werden, dass es einen grundlegenden Unterschied in der Reaktivität des organischen Kohlenstoffs der Feinerde-Fraktion und der Ton-Fraktion gibt. Diese unterschiedliche Reaktivität könnte auf die erhöhte Zugänglichkeit der organischen Überzüge auf den Partikeln der Ton-Fraktion zurückzuführen sein.

Der Einfluss der stofflichen Parameter auf die k-Werte nahm bei der Ton-Fraktion in der Reihenfolge: C_{org} > Mn_o- bzw. Mn_d-Gehalt > Fe_o-Gehalt > spezifische äußere Oberfläche > spezifische äußere negative Oberflächenladung = Dichte der spezifischen äußeren negativen Oberflächenladung > KAK > Fe_d ab.

Die Vermutung liegt aufgrund der ermittelten r-Werte nahe, dass die Bindung der Proteine auch von den Gehalten an Fe_o und Mn_o bzw. Mn_d abhängt. Allerdings erscheint es aus oberflächenchemischer Sicht unwahrscheinlich, dass es zu Wechselwirkungen zwischen Eisen- bzw. Mangan- oxiden/-hydroxiden und den Cry-Proteinen kommen kann.

Es wird daher vorgeschlagen, den organischen Kohlenstoff der Böden als den bei weitem wichtigsten Faktor anzusehen.

Der organische Kohlenstoff bzw. die organische Substanz ist ebenfalls ein wichtiger Bindungspartner für Fe_o bzw. Mn_o. Aus diesem Grund besteht auch eine Korrelation zwischen C_{org} und Mn_o bzw. C_{org} und Fe_o. Daraus sollte nicht geschlossen werden, dass ein ursächlicher Zusammenhang zwischen dem Gehalt an Mn_o bzw. Fe_o und den Sorptionskoeffizienten besteht.

Nicht befriedigend geklärt werden konnte die Abhängigkeit der *k*-Werte von den unterschiedlichen Partikelgrößen, wie sie aus Abbildung 32 hervorgeht.

4 Literatur

ACCINELLI, C., W.C. KOSKINEN, J.M. BECKER, M.J. SADOWSKY (2008): Mineralization of the *Bacillus thuringiensis* Cry1Ac endotoxin in soil. Journal of Agricultural and Food Chemistry **56**(3), 1025-1028.

ARMSTRONG, D.E. and G. CHESTERS (1964): Properties of Protein-Bentonite complexes as Influenced by equilibration conditions. Soil Science **1**, 39-52.

BAUMGARTE, S. and C.C. TEBBE (2005): Field studies on the environmental fate of the Cry1Ab Bt-toxin produced by transgenic maize (MON810) and its effect on bacterial communities in the maize rhizosphere. Molecular Ecology **14**, 2539-2551.

BÖCKENHOFF, K. and W.R. FISCHER (2001): Determination of elektrokinetic charge with a particle-charge detector, and its relationship to the total charge. Fresenius Journal of Analytical Chemistry **371**, 670-674.

BRAVO, A., S.S. GILL, M. SOBERÓN (2007): Mode of action of *Bacillus thuringiensis* Cry and Cyt toxins and their potential for insect control. Toxicon **49**(4), 423-435.

BRODERICK, N.A., K.F. RAFFA, J. HANDELSMAN (2006): Midgut bacteria required for *Bacillus thuringiensis* insecticidal activity. Proceedings of the National Academy of Sciences of the United States of America **103**(41), 15196-15199.

BRUNAUER, S., P.H. EMMETT, E. TELLER (1938): Adsorption of gases in multimolecular layers. Journal of the American Chemical Society **60**, 309-319.

CHEVALLIER, T., P. MUCHAONYERWA, C. CHENU (2003): Microbial utilisation of two proteins adsorbed to a vertisol clay fraction: toxin from *Bacillus thuringiensis* subsp tenebrionis and bovine serum albumin. Soil Biology & Biochemistry **35**(9), 1211-1218.

CRECCHIO, C. and G. STOTZKY (1998): Insecticidal activity and biodegradation of the toxin from *Bacillus thuringiensis* subsp. *kurstaki* bound to humic acids from soil. Soil Biology & Biochemistry 30(4), 463-470.

CRECCHIO, C. and G. STOTZKY (2001): Biodegradation and insecticidal activity of the toxin from *Bacillus thuringiensis* subsp. *kurstaki* bound on complexes of montmorillonite-humic acids-Al hydroxypolymers. Soil Biology & Biochemistry **33**: 573-581.

CRICKMORE, N., D.R. ZEIGLER, J. FEITELSON, E. SCHNEPF, J. VAN RIE, D. LERECLUS, J. BAUM, D.H. DEAN (1998): Revision of the nomenclature for the *Bacillus thuringiensis* pesticidal crystal proteins. Microbiology and Molecular Biology Reviews 62(3), 807-813.

CRICKMORE, N., D.R. ZEIGLER, E. SCHNEPF, , J. VAN RIE, D. LERECLUS, J. BAUM, A. BRAVO, D.H. DEAN (2009): *Bacillus thuringiensis* toxin nomenclature. (http://www.lifesci.sussex.ac.uk/Home/Neil_Crickmore/Bt/)

DOUVILLE, M., F. GAGNE, L. MASSON, J. MCKAY, C. BLAISE, (2005): Tracking the source of *Bacillus thuringiensis* Cry1Ab endotoxin in the environment. Biochemical Systematics and Ecology **33**(3), 219-232.

DUBELMAN, S., B. R. AYDEN, B.M. BADER, C.R. BROWN, C,J. JIANG, D. VLACHOS, (2005): Cry1Ab protein does not persist in soil after 3 years of sustained Bt corn use. Environmental Entomology **34**(4), 915-921.

ExPASy proteomics server des Swiss Institute of Bioinformatics (Stand: 28.07.2009) (http://www.expasy.ch/cgi_bin/pi_tool)

FIORITO, T. M., I. ICOZ, G. STOTZKY, (2008): Adsorption and binding of the transgenic plant proteins, human serum albumin,ß-glucuronidase, and Cry3Bb1, on montmorillonite and kaolinite: Microbial utilization and enzymatic activity of free and clay-bound proteins. Applied Clay Science **39**, 142-150.

FU, Q., W. WANG, H. HU, S. CHEN, (2008): Adsorption of the insecticidal protein of *Bacillus thuringiensis* subsp. *kurstaki* by minerals: effects of inorganic salts. European Journal of Soil Science **59** (2), 216-221.

GALITSKY, N., V. CODY, A. WOJTCZAK, D. GHOSH, J.R. LUFT, W. PANGBORN, L. ENGLISH, (2001): Structure of the insecticidal bacterial delta-endotoxin Cry3Bb1 of *Bacillus thuringiensis*. Acta Crystallographica Section D-Biological Crystallography **57**, 1101-1109.

JAMES, C. (2008): Global Status of Commercialized Biotech/GM Crops. ISAAA Brief No. 39, ISAAA: Ithaca, NY, USA.

KÖHN, M. (1928): Bemerkungen zur mechanischen Bodenanalyse: III Ein neuer Pipettapparat. Zeitschrift für Pflanzenernährung, Düngung und Bodenkunde **11**, 50-54.

MC LAREN, A.D. PETERSON, G.H., BARSHAD, I. (1958): The adsorption and reactions of enzymes and proteins on clay minerals: IV. Kaolinite and montmorillonite. Soil Science Society of America Journal 22, 239-244.

MEHRA, O.P., M.L. JACKSON (1960): Iron oxide removal from soils and clays by a dithionite-citrate system buffered with sodiumbicarbonat. Clays and Clay Minerals 7, 317-327.

MEIER, U. (2001) Entwicklungsstadien mono- und dikotyler Pflanzen, BBCH Monografie. 2. Auflage, Biologische Bundesanstalt für Land und Forstwirtschaft (http://www.bba.de/veroeff/bbch/bbchdeu.pdf).

MUCHAONYERWA, P., C. CHENU, O.L. PANTANI, L. CALAMAI, P. NYAMUGAFATA, S. MPEPEREKI (2000): Adsorption of the insecticidal toxin from *Bacillus thuringiensis* subspecies *tenebrionis* to clay fractions of tropical soils. 3rd Sympsoium on Soil Mineral-Organic Matter-Microorganism Interactions and Ecosystem Health, Naples, Italy.

MUCHAONYERWA, P., T. CHEVALLIER, O.L. PANTANI, P. NYAMUGAFATA, S. MPEPEREKI, C. CHENU (2006): Adsorption of the pesticidal toxin from *Bacillus thuringiensis* subsp *tenebrionis* on tropical soils and their particle-size fractions. Geoderma **133**(3-4), 244-257.

NGUYEN, H. T. and J. A. JEHLE (2009): Expression of Cry3Bb1 in transgenic corn MON88017. Journal of Agricultural and Food Chemistry **57**, 9990-9996.

O'BRIEN, N. R. (1971): Fabric of Kaolinite and Illite floccules. Clays and Clay Minerals **19**(6), 353-361.

PAGEL-WIEDER, S., F. GESSLER, J. NIEMEYER, D.SCHRÖDER (2004): Adsorption of the *Bacillus thuringiensis* toxin (Cry1Ab) on Na-montmorillonite and on the clay fractions of different soils. Journal of Plant Nutrition and Soil Science **167**(2), 184-188.

PAGEL-WIEDER, S., J. NIEMEYER, W.R. FISCHER, F. GESSLER (2007): Effects of physical and chemical properties of soils on adsorption of the insecticidal protein (Cry1Ab) from *Bacillus thuringiensis* at Cry1Ab protein concentrations relevant for experimental field sites. Soil Biology & Biochemistry **39**(12), 3034-3042.

PUCCI, A., L. P. D'ACQUI, L. CALAMAI (2008): Fate of Prions in soil: Interactions of RecPrP with organic matter of soil aggregates as revealed by LTA-PAS. Environmental Science & Technology **42**(3) 728-733.

RCSB Protein Data Bank, (Stand 28.11.2009), (http://www.rcsb.org/pdb/explore/images.do?structureId=1JI6)

SAXENA, D. and G. STOTZKY (2000): Insecticidal toxin from *Bacillus thuringiensis* is released from roots of transgenic Bt corn in vitro and in situ. FEMS Microbiology Ecology **33**(1), 35-39.

SAXENA, D. and G. STOTZKY (2001): *Bacillus thuringiensis* (Bt) toxin released from root exudates and biomass of Bt corn has no apparent effect on earthworms, nematodes, protozoa, bacteria, and fungi in soil. Soil Biology & Biochemistry **33**, 1225-1230.

SAXENA, D., S. FLORES, G. STOTZKY (1999): Insecticidal toxin in root exudates from Bt corn. Nature **402**, 480.

SAXENA, D., S. FLORES, G. STOTZKY (2002a): Bt toxin is released in root exudates from 12 transgenic corn hybrids representing three transformation events. Soil Biology and Biochemistry **34**(1), 133-137.

SAXENA, D., S. FLORES, G. STOTZKY (2002b): Vertical movement in soil of insecticidal Cry1Ab protein from *Bacillus thuringiensis*. Soil Biology & Biochemistry **34**(1), 111-120.

SCHNEPF, E., N. CRICKMORE, J. VAN RIE, D. LERECLUS, J. BAUM, J. FEITELSON, D.R. ZEIGLER, D.H. DEAN (1998): *Bacillus thuringiensis* and its pesticidal crystal proteins. Microbiology and Molecular Biology Reviews **62**(3), 775-806.

SCHWERTMANN, U. (1964): Differenzierung der Eisenoxide des Bodens durch Extraktion mit Ammoniumoxalat-Lösung. Zeitschrift für Pflanzenernährung, Düngung, Bodenkunde **105**, 194-202

SHAN, G., S. K. EMBREY, R.A. HERMAN, J.D. WOLT, D. WESTON, L.M. MAYER (2005): Biomimetic extraction of *Bacillus thuringiensis* insecticidal crystal proteins from soil based on invertebrate gut fluid chemistry. Journal of Agricultural and Food Chemistry **53**(17), 6630-6634.

Stähler GmbH, Datenblatt zu Dipel® ES, (Stand: 22.11.2009) (http://www.staehler.com/de/index.php?section=staehlerdb&cmd=listGP&action=show&id=41)

STOTZKY, G. (2000): Persistence and Biological Activity in Soil of Insecticidal Proteins from *Bacillus thuringiensis* and of Bacterial DNA Bound on Clays and Humic Acids. Journal of Environmental Quality **29**, 691-705.

STOTZKY, G. (2004): Persistence and biological activity in soil of the insecticidal proteins from *Bacillus thuringiensis*, especially from transgenic plants. Plant and Soil **266**, 77-89.

SUNDARAM, K. M. S. (1996): Sorptive interactions and binding of delta-endotoxin protein from *Bacillus thuringiensis* subsp *kurstaki* in forest soils. Journal of Environmental Science and Health Part B-Pesticides Food Contaminants and Agricultural Wastes **31**(6), 1321-1340.

TAPP, H. and G. STOTZKY (1995): Insecticidal activity of the toxins from *Bacillus thuringiensis* subspecies *kurstaki* and *tenebrionis* adsorbed and bound on pure and soil clays. Applied and Environmental Microbiology **61**(5), 1786-1790.

TAPP, H. and G. STOTZKY (1998): Persistence of the insecticidal toxin from *Bacillus thuringiensis* subsp. *kurstaki* in soil. Soil Biology & Biochemistry **30**(4), 471-476.

TAPP, H., L. CALAMAI, G. STOTZKY (1994): Adsorption and binding of the insecticidal proteins from *Bacillus thuringiensis* subsp. *kurstaki* and subsp. *tenebrionis* on clay minerals. Soil Biology & Biochemistry **26**(6), 663-679.

TOTSCHE, K. U., S. JANN, I. KÖGEL-KNABNER (2006): Release of polycyclic aromatic hydrocarbons, dissolved organic carbon, and suspended matter from disturbed NAPL-contaminated gravelly soil material. Vadose Zone Journal 469-479.

TREVORS, J. T. (1996): Sterilization and inhibition of microbial activity in soil. Journal of Microbiological Methods **26**(1-2), 53-59.

TUOMINEN, L., T. KAIRESALO, H. HARTIKAINEN (1994): Comparison of Methods for Inhibiting Bacterial-Activity in Sediment. Applied and Environmental Microbiology **60**(9), 3454-3457.

VAN REEUWIJK, L.P. (1993): Procedures of soil analysis. ISRIC Wageningen, 4. Auflage

VENKATESWERLU, G. and G. STOTZKY (1992): Binding of the protoxin and toxin proteins of *Bacillus thuringiensis* subsp. *kurstaki* on clay minerals. Current Microbiology **25**, 225-233.

WANG, H., Q. YE, J. GAN, J. WU (2008): Adsorption of Cry1Ab protein isolated from Bt transgenic rice on Bentone, Kaolin, Humic acids, and soils. Journal of Agricultural and Food Chemistry **59**, 4659-4664.

ZWAHLEN, C., A. HILBECK, P. GUGERLI, W. NENTWIG (2003a): Degradation of the Cry1Ab protein within transgenic *Bacillus thuringiensis* corn tissue in the field. Molecular Ecology **12**(3), 765-775.

ZWAHLEN, C., A. HILBECK, R. HOWALD, W. NENTWIG (2003b): Effects of transgenic Bt corn litter on the earthworm *Lumbricus terrestris*. Molecular Ecology **12**(8), 1077-1086.

Danksagung

Mein besonderer Dank gilt Herrn Prof. Dr. Walter R. Fischer für die Betreuung der Doktorarbeit und seine langjährige Unterstützung.

Herrn PD Dr. Jürgen Niemeyer danke ich für die Übernahme des Koreferats und die fachliche Unterstützung.

Bei Frau Dr. Sibylle Pagel-Wieder und Herrn PD Dr. Frank Gessler möchte ich mich für die Überlassung des Themas und die stete Bereitschaft zur Diskussion bedanken.

Allen Mitarbeitern des Instituts für angewandte Biotechnologie der Tropen an der Georg-August Universität Göttingen und der Miprolab GmbH danke ich für die fachliche Unterstützung und Beratung bei der Laborarbeit.

Bei allen Mitarbeitern des Institut für Bodenkunde der Leibniz Universität Hannover und speziell bei Herrn R. Michael Klatt und Herrn Pieter Wiese bedanke ich mich für die Unterstützung und die Beratung bei der Untersuchung vieler Bodenproben.

Herrn Dr. Christian Ahl (Abteilung Agrarpedologie, Departement für Nutzpflanzenwissenschaften, Georg-August Universität Göttingen) danke ich für die Unterstützung bei den feldbodenkundlichen Arbeiten.

Meinen Kolleginnen Mariana C. Albers und Sibylle Reinmuth möchte ich für ihre Anmerkungen zur Doktorarbeit und für viele anregende Diskussionen danken.

Dem Bundesministerium für Bildung und Forschung danke ich für die finanzielle Unterstützung im Rahmen des Forschungsverbundes „Freisetzungsbegleitende Sicherheitsforschung transgener Maissorten mit neuen Bt-Genen".

Meinen Freunden danke ich für ihre Unterstützung und die Abwechslung neben dem Arbeitsalltag, sowie für ihre Anmerkungen zur Doktorarbeit.

Die VDM Verlagsservicegesellschaft sucht für wissenschaftliche Verlage abgeschlossene und herausragende

Dissertationen, Habilitationen, Diplomarbeiten, Master Theses, Magisterarbeiten usw.

für die kostenlose Publikation als Fachbuch.

Sie verfügen über eine Arbeit, die hohen inhaltlichen und formalen Ansprüchen genügt, und haben Interesse an einer honorarvergüteten Publikation?

Dann senden Sie bitte erste Informationen über sich und Ihre Arbeit per Email an *info@vdm-vsg.de*.

Sie erhalten kurzfristig unser Feedback!

VDM Verlagsservicegesellschaft mbH
Dudweiler Landstr. 99
D - 66123 Saarbrücken
www.vdm-vsg.de

Telefon +49 681 3720 174
Fax   +49 681 3720 1749

Die VDM Verlagsservicegesellschaft mbH vertritt

Printed by Books on Demand GmbH, Norderstedt / Germany